城乡防震减灾
实用指南

《城乡防震减灾实用指南》编委会/编著

CHENGXIANG FANGZHEN JIANZAI
SHIYONG ZHINAN

地震出版社

图书在版编目（CIP）数据

城乡防震减灾实用指南 / 《城乡防震减灾实用指南》编委会编著 .
—北京：地震出版社，2015.9
ISBN 978-7-5028-4657-2

Ⅰ.①城 … Ⅱ.①城 … Ⅲ.① 城镇－防震减灾－指南

Ⅳ.① P315.9-62

中国版本图书馆 CIP 数据核字 (2015) 第 180643 号

地震版　XM3484

城乡防震减灾实用指南

《城乡防震减灾实用指南》编委会　编著
责任编辑：范静泊
责任校对：凌　樱

出版发行：**地震出版社**

北京市海淀区民族大学南路 9 号　　　　邮编：100081
发行部：68423031　68467993　　　　传真：88421706
门市部：68467991　　　　　　　　　传真：68467991
总编室：68462709　68423029　　　　传真：68455221
市场图书事业部：68721982
E-mail：seis@mailbox.rol.cn.net
http://www.dzpress.com.cn

经销：全国各地新华书店
印刷：北京地大天成印务有限公司

版 (印) 次：2015 年 9 月第一版　2015 年 9 月第一次印刷
开本：710×1000　1/16
字数：195 千字
印张：12
书号：ISBN 978-7-5028-4657-2/P(5350)
定价：28.00 元

前　言

　　我国是全球大陆地震活动最强的地区之一。地震活动具有频度高、强度大、分布广、震源浅的特点，使我国成为世界上地震灾害最为严重的国家之一。仅近两年发生的部分破坏性地震所造成的人员伤亡就令人触目惊心：

　　2013 年 4 月 20 日，四川省雅安市芦山县 7.0 级级地震，震源深度 13 千米。共造成 196 人死亡。

　　2013 年 7 月 22 日，甘肃岷县—漳县交界处发生 6.6 级地震，造成 95 人遇难，2114 人受伤。灾害共造成定西、陇南、天水、白银、临夏、甘南 6 个市州的 22 个县区、204 个乡镇、12 .3 万人受灾。

　　2014 年 8 月 3 日，云南省昭通市鲁甸县发生 6.5 级地震，至少造成 617 人死亡，112 人失踪，3143 人受伤……

　　有学者指出，目前，我国面临的地震形式十分的严峻，中国大陆地区早已进入第五个地震活跃区，未来几年的时间内，我国还可能发生 7 级以上的地震。

　　受科学水平和技术条件的限制，人类当前还无法准确预测地震的发生，更没有能力阻止地震的发生。但是，通过认识、研究地震和地震灾害发生的规律性，采取切实可行的措施，把综合防御工作做好，地震灾害是可以防御与减轻的。

　　然而，我国防震减灾能力仍与经济社会发展不相适应，公众防震减灾意识差，城市综合防御能力低，农村许多房屋根本没有设防，全社会防御地震灾害能力明显不足。

　　因此，探讨如何有效开展城乡防震减灾工作，最大程度地保障人民生命财产安全，促进城市乡村的和谐和可持续发展，具有十分重要的现实意义。

为了防御和减轻地震灾害，保护人民生命和财产安全，促进经济社会的可持续发展，1998 年，我国制定并实施了《中华人民共和国防震减灾法》，并于 2008 年进行了修订（自 2009 年 5 月 1 日起施行）。

围绕《防震减灾法》的基本要求，结合多年从事防震减灾工作的实践经验，以加强防震减灾三大工作体系建设，实行预测、预防和救助全方位的综合管理，形成全社会共同抗御地震灾害的新局面为核心内容，有关专家和学者编写了《城乡防震减灾实用指南》一书。愿本书能给广大读者在如何做好新时期的防震减灾工作方面提供一些有益的参考和启迪。

目　录

一、做好防震减灾工作必备的基本常识

◇自然灾害及其在我国的分布特征

一切对自然生态环境、人类社会的物质和精神文明建设，尤其是对人们的生命财产等造成危害的天然事件和社会事件——比如地震、火山喷发、风灾、火灾、水灾、旱灾、雹灾、雪灾、泥石流、疫病等，都可以称作灾害。这是广义的理解。一般学者通常更倾向于从狭义方面去理解和定义灾害：自然或人为环境中对人类生命、财产和活动等社会功能的严重破坏，引起广泛的生命、物质或环境损失；这些损失超出了受影响社会靠自身资源进行抵御的能力，就发生了灾害。

按成灾条件，灾害可分为自然灾害和人为灾害两大类。自然灾害是指由于自

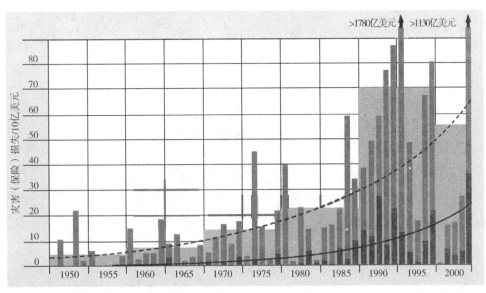

全球自然灾害损失随时间有增加的趋势

图中：虚线表示自然灾害损失随时间增长的趋势；实线表示保险灾害损失随时间增长的趋势。

然异常变化造成的人员伤亡、财产损失、社会失稳、资源破坏等现象或一系列事件，如地震、飓风、海啸、干旱、洪水、火山爆发等；以人为影响为主因产生的灾害称之为人为灾害，如人为引起的火灾和交通事故等。

随着经济的发展，全球自然灾害损失随时间有增加的趋势。

中国幅员辽阔，地理和气候条件复杂，自然灾害种类较多且发生频繁，除现代火山活动导致的灾害外，几乎所有的自然灾害每年都有发生。比如地震、水灾、旱灾、台风、冰雹、雪灾、山体滑坡、泥石流、病虫害、森林火灾等。我国各省（区、市）都不同程度受到自然灾害影响，70%以上的城市、50%以上的人口分布在气象、地震、地质、海洋等自然灾害严重的地区；各省（区、市）都发生过5级以上的破坏性地震；约占国土面积69%的山地、高原区域因地质构造复杂，滑坡、泥石流、山体崩塌等地质灾害频繁发生。

研究发现，我国自然灾害的空间分布有东西分区、南北分带、亚带成网的特点。

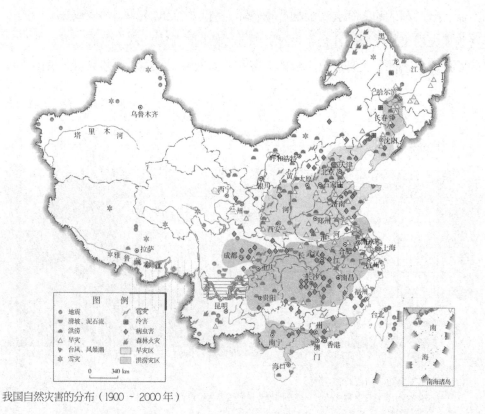

我国自然灾害的分布（1900～2000年）

从西向东，大体以贺兰山—龙门山—横断山和大兴安岭—太行山—武夷山—十万大山为界分为三大区。西区是高原山地，地壳变动强烈，地震、冻融、雪灾、冻害、雹灾、泥石流、沙漠化、旱灾较为严重；中区是高原—平原的过渡带，以山地地质灾害、水土流失、旱灾、洪水、雹灾为主；东区则是我国海洋与海岸带灾害、平原地质灾害、旱灾、涝灾、洪水、农作物病虫害最为严重，其中某些地带也是强震多发地带。

从北向南，阴山—天山、秦岭—昆仑山、南岭—喜马拉雅山等巨大的山系横贯我国大陆。沿着这些山系，地质灾害、水土流失等灾害严重。从北向南我国纵贯寒带、温带和热带，气候条件复杂，山系两侧诸大江河流域气象灾害严重，这些地带是我国洪水、旱、涝、平原地质灾害、土壤沙化和农作物病虫害最为严重的地带。由于中国东部地壳南北的差异较大，所以地震活动差别也很大，华北和东南沿海是强震区。

以上各区、带中，各种自然灾害的分布均可进一步分出若干亚区或亚带。由于它们的空间分布直接或间接地受气候带、地质构造、山系、水系方向的控制，所以也常具有一定的方向性，主要为东西、南北、北东、北西向，有时交织一起形成网状分布。

◇地震是地壳运动的一种特殊表现形式

地球是目前人类所知宇宙中唯一存在生命的天体。地球诞生于45.5亿年前，而生命诞生于地球诞生后的10亿年内。

地球的内部结构为一同心状圈层构造，由地心至地表依次分化为地核（分为内

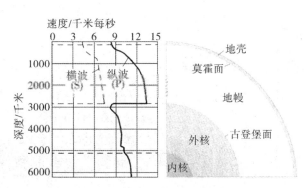

地球的内部结构与地震波传播速度分布图

核和外核）、地幔和地壳。各层之间的分界面，主要依据地震波传播速度的急剧变化推测确定。

地球运动的形式多种多样，一方面，地球在浩瀚的宇宙中高速飞行；另一方面，地球内部也在不断地运动变化着。地壳无时不在运动。但一般而言，地壳运动速度缓慢，不易为人类感觉到。在一些特殊情况下，因为地球内部缓慢积累的能量突然释放，地壳运动可表现得快速而激烈，那就是地震活动。地震活动常常会引发火山喷发、山崩、地陷、海啸。

对于整个地球来说，地震是一种经常发生的自然现象，是地壳运动的一种特殊表现形式。强烈的地震会给人类带来很大的灾难，是威胁人类的一种突如其来的自然灾害。

根据引起地壳震动的原因不同，可以把地震分为构造地震、火山地震等不同的类型。构造地震也叫断裂地震，是由于岩层断裂，发生变位错动，在地质构造上发生巨大变化的地震。目前世界上发生的地震90%以上属于构造地震。

地球上每年约发生500多万次地震。也就是说，每天要发生上万次地震。不

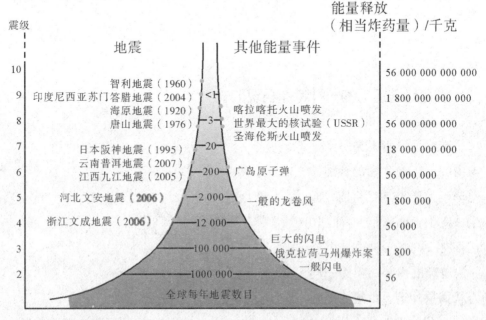

地震震级和频度之间的关系

过，它们之中的绝大多数或震级太小，或发生在海洋中，或离我们太远，我们感觉不到。

对于包括地震灾害在内的所有自然灾害来说，都有这样的规律：灾害越大，发生的频度越低，重复的周期越长；灾害越小，发生的频度越高，重复的周期越短。

对人类造成严重破坏的地震，即7级以上地震，全世界每年大约有一二十次；像汶川那样的8级特大地震，每年大约一两次。

◇关于地震的基本概念和常用术语

防震减灾方面的概念很多，为了做好城乡防灾减灾工作，起码要了解和掌握如下一些最基本的概念：

（1）地震

地震就是因地球内部缓慢积累的能量突然释放而引起的地球表层的振动。它是一种经常发生的自然现象，是地壳运动的一种特殊表现形式。强烈的地震会给人类带来很大的灾难，是威胁人类安全的一种突如其来的自然灾害。

（2）发震时刻

发生地震的开始时间称为发震时刻。它和地震的发生地点和地震的强度一起被称为地震的三个基本要素。国际上使用格林尼治时间，中国使用北京时间标示。2008年汶川地震的发震时刻是5月12日北京时间14时28分。现代地震目录中给出的地震的发震时刻，通常是通过分析地震所在区域台网记录所计算出来的结果。

（3）震级和烈度

对于地震强度的表述方法，主要有两类：震级和烈度。

震级是对地震大小的相对量度。震级通常用M表示。震级可以通过地震仪器的记录计算出来，震级越高，释放的能量也越大。

同样大小的地震，造成的破坏不一定相同；同一次地震，在不同的地方造成的破坏也不一样。为了衡量地震的破坏程度，科学家又"制作"了另一把"尺子"——

震级/M	5	5.7	6.3	7	7.7
震中烈度	VI	VII	VIII	IX	X

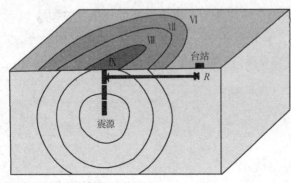

烈度是衡量地震破坏程度的尺子

地震烈度。地震烈度与震级、震源深度、震中距（R），以及震区的土质条件等有关。

一般来讲，一次地震发生后，震中区的破坏最重，烈度最高，这个烈度称为震中烈度。从震中向四周扩展，地震烈度逐渐减小。所以，一次地震只有一个震级，但它所造成的破坏，在不同的地区是不同的。

也就是说，一次地震，可以划分出好几个烈度不同的地区。

（4）震源

地球内部发生地震的地方叫震源，也称震源区。它是一个区域，但研究地震时，常把它看成一个点。

（5）震源深度

如果把震源看成一个点，那么这个点到地面的垂直距离就称为震源深度。

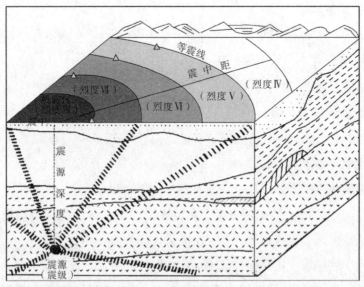

震源、震中和震中距示意图

同样大小的地震，震源越浅，所造成的影响或破坏越重。

（6）震中和震中距

地面上正对着震源的那一点称为震中，实际上也是一个区域，称为震中区。在地面上，从震中到任一点的距离叫作震中距。

（7）地震波

地震时，振动在地球内部以弹性波的方式传播，称作地震波。这就像把石子投入水中，水波会向四周一圈一圈地扩散一样。

按传播方式，常见的地震波可分为三种类型：纵波、横波和面波。

◇常见的地震成因类型

划分地震种类的方法很多。根据地震的成因，常见的地震可分为构造地震、火山地震、塌陷地震、水库地震和人工地震等等。

（1）构造地震

构造地震也被称作"断层地震"，是由地壳（或岩石圈，少数发生在地壳以下的岩石圈上地幔部位）发生断层而引起。地壳（或岩石圈）在构造运动中发生形变，当变形超出了岩石的承受能力，岩石就发生断裂，在构造运动中长期积累的能量迅速释放，造成岩石振动，从而形成地震。

世界上90%左右的地震、几乎所有的破坏性地震属于构造地震，包括大家熟知的1960年智利大地震、1976年唐山大地震、2008年的四川汶川大地震和2011年日本东海岸大地震等等。

构造地震活动频繁，余震大小不一，延续时间较长，影响范围最广，破坏性最大，因此，是地震学研究的主要对象。

（2）火山地震

火山地震是由于火山活动时岩浆喷发冲击或热力作用而引起的地震。这类地震为数不多，数量约占地震总数的7%左右。

虽然火山喷发和地震都是岩石中构造力作用的结果，但他们并不一定同时发生。与火山活动相关发生的地震称作火山地震。这类地震可产生在火山喷发的前夕，也可在火山喷发的同时。这类地震震源深度一般不超过 10 千克，常限于火山活动地带，多属于没有主震的地震群型，影响范围小。

（3）塌陷地震

塌陷地震是因岩层崩塌陷落而形成的地震，主要发生在石灰岩等易溶岩分布的地区。这是因为易溶岩长期受地下水侵蚀形成了许多溶洞，洞顶塌落，造成地震。此外，高山上悬崖或山坡上大岩石的崩落，也能形成这类地震。

塌陷地震只占地震总数的 3% 以下，且震源浅，震级也不大，影响范围及危害较小。但在矿区范围内，塌陷地震也会对矿区人员的生命造成威胁，并直接影响矿区生产。因此，对这类地震也应加以研究和防范。

（4）水库地震

在原来没有或很少地震的地方，由于水库蓄水引发的地震称水库地震。

并不是所有的水库蓄水后都会发生水库地震，只有当库区存在活动断裂、岩性刚硬等条件，才有诱发的可能性。水库地震大都发生在地质构造相对活动区，且均与断陷盆地及近期活动断层有关。

水库地震一般是在水库蓄水达一定时间后发生，多分布在水库下游或水库区，有时在大坝附近。发生的趋势是最初地震小而少，以后逐渐增多，强度加大，出现大震，然后再逐渐减弱。

水库地震震源深度较浅，震级也不是很高，以弱震和微震为主，最大的震级目前不超过 6.5 级。

（5）人工地震

人工地震是指核爆炸、工程爆破、机械震动等人类活动引起的地面震动。

这类地震通常可用来研究地震波的传播规律，勘察地下构造，进行相关科研等。

◇关于构造地震成因的假说

研究发现，地震的发生与已经存在的活动构造（特别是活断层）有密切关系，许多强震的震中都分布在活动断裂带上。如果从全球范围来看，地震带的分布与板块边界密切相关。这些边界实际上也是张性的、挤压性的或水平错开的一些断裂构造。

大地震通常发生在地下 10～25 千米的范围内。由于人们对地下环境的了解还不够深入，至今还没有建立一个依据充分、令人信服的地震成因理论模型，但是经过多年研究，关于地震的成因，目前有几种比较流行的假说。

（1）弹性回跳说

这是出现最早、应用最广的关于地震成因的假说，是 1911 年瑞德根据 1906 年美国旧金山大地震时发现圣安德列斯断层产生水平移动而提出的一种假说。假说认为地震的发生，是由于地壳中岩石发生了断裂错动，而岩石本身具有弹性，在断裂发生时已经发生弹性变形的岩石，在力消失之后便向相反的方向整体回跳，恢复到未变形前的状态。这种弹跳可以产生惊人的速度和力量，把长期积蓄的能量于刹那间释放出来，造成地震。

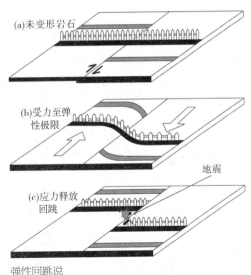

这一假说能够较好地解释浅源地震的成因，但对于中、深源地震则不好解释。因为在地下相当深的地方，岩石已具有塑性，不可能发生弹性回跳的现象。

（2）蠕动说

蠕动又称潜移、潜动。地表土石层在重力作用下可以长期缓慢地向下移动，其移动体和基座之间没有明显的界面，并且形变量和移动量均属过渡关系，这种变形和移动称为蠕动。蠕动速率每年不过数毫米至数厘米。地震学家研究发现，经过长期蠕动的断层会变得脆弱，一旦地质流体渗入，就会引发突然的大滑动，产生强烈地震。

可是人们发现，建筑在活动断层上的建筑物和活动断层本身在没有地震的情况下，也有这种蠕动现象，即相对缓慢稳定的滑动。

有证据表明，岩层中长期蠕动的地段，或在活动断层中蠕动占长期活动的百分比较高的地段，由于能量通过缓慢的蠕动而逐渐释放，反而很少发生强烈地震。

（3）粘滑说

在地下较深的部位，断层两侧的岩石若要滑动，必须克服强大的摩擦力。因此，在通常情况下，两盘岩石好像互相粘在一起，谁也动弹不了。但当应力积累到等于或大于摩擦力时，两盘岩石便发生突然滑动。通过突然滑动，能量释放出来，两盘又粘结不动，直到能量再积累到一定程度，导致下一次突然滑动。实验证明，物体在高压下的破坏形式，是沿着断裂面粘结和滑动交替进行，断面发生断续的急跳滑动现象，引发地震。并经过多次应力降落，把积累的应变能释放出来。这种地震成因的解释就是粘滑说。

影响断层活动方式的因素很多，一是温度：温度低于500℃，断层面两侧岩体易产生粘滑；温度高于500℃，则易产生蠕动和蠕变。二是岩石成分：岩性脆硬（如石英岩、石英砂岩等），断层两侧岩石往往以粘滑为主；岩性柔软，则以蠕动为主。三是岩石的孔隙度和水分含量：岩石孔隙大，孔隙度高，含水分多，容易蠕动；相反，则多呈粘滑形式。此外，围压的大小，也会影响断层的活动方式。如果断层两盘连续发生粘滑，就是地震频繁的时期。

（4）相变说

有人认为，深源地震是由于深部物质的相变过程引起的。地下物质在高温高压条件下，引起岩石的矿物晶体结构发生突然改变，导致岩石体积骤然收缩或膨胀，形成一个爆发式振动源，于是就发生了地震。

这种解释没有能从多方面给出具体的论证，因而没能得到广泛流行。

近年来，根据地震纵波在地下深部传播情况分析，深源地震所在部位也同样发生了断裂和错动，证明了地震发生与断裂活动有关。同时，板块构造学说指出，当岩石圈板块向地下俯冲时，中、深源地震发生在向地幔消减的板块内部，而不是发生在地幔软流圈物质中。因此，相变说自然失去了存在的依据。

（5）流体成因说

根据地壳深部构造和深部流体的研究，中国学者提出了新的地震成因模型：岩体势-动转换模型，简称地震流体成因说。这种学说认为，当地壳内存在分布不均匀的流体时，弹性应变能或重力势能的突然释放，使错动的岩体获得较大的加速度和动能而发生地震。这种模型能够较好地解释前震、余震和地震的迁移，大地震的流体活动前兆等现象，以及不同构造地区地震分布发生的规律。

◇地震仪的发展简史

地震仪是一种可以接收地面振动，并将其以某种方式记录下来的装置。地震仪对于精确确定远处地震的位置、测量地震的大小和确定地震断层破裂的机制是必不可少的。由于地震动的振幅和频率变化大，地震记录仪器是很复杂的。

生于公元78年的张衡发明的地动仪，是世界上第一架地震仪。据《后汉书》记载，地动仪以精铜铸造而成，圆径达八尺，外形像个酒樽，机关装在樽内，外面按东、西、南、北、东北、东南、西南、西北八个方位各设置一条龙，每条龙嘴里含有一个小铜球，地上对准龙嘴各蹲着一个铜蛤蟆，昂头张口。当任何一个方位的地方发生了较强的地震时，传来的地震波会使樽内相应的机关发生变动，从而触动龙头的杠杆，使处在那个方位的龙嘴张开，龙嘴里含着的小铜球自然落到地上的蛤蟆嘴里，发出响声。这样，观测人员就知道什么时间、什么方位发生了地震。

据史料记载，地动仪曾接收到震中在陇西、而洛阳人未曾感觉到的地震所引起的地面振动。

18世纪早期，在欧洲才出现记录地震的仪器，当时是用摆显示地动。地震仪的发展是缓慢的，早期的验震器不能记录地震波到达的时间，也不能给出地震动的长期记录。

第一台真正意义上的地震仪由意大利科学家卢伊吉·帕尔米里于1855年发明，它具有复杂的机械系统。这台机器使用装满水银的圆管并且装有电磁装置。当震动使水银发生晃动时，电磁装置会触发一个内设的记录地壳移动的设备，粗略地显示出地震发生的时间和强度。

第一台精确的地震仪，于1880年由英国地理学家约翰·米尔恩在日本发明，他也被誉为"地震仪之父"。在帝国大学的同事詹姆斯·尤因和托马斯·格雷的帮助下，约翰·米尔恩发明出多种检测地震波的装置，其中一种是水平摆地震波检测仪。这个精妙的装置有一根加重的小棒，在受到震动作用时，会移动一个有可以通过光线的细长缝的金属板。金属板的移动使得一束反射回来的光线穿过板上的光缝，同时穿过在这块板下面的另外一个静止的光缝，落到一张高度感光的纸上，光线随后会将地震的移动"记录"下来。这种仪器十分轻便且操作简单，因此被安装在全世界的许多地方。在 1897 年加州的里克天文台内由加利福尼亚大学建立和管理的北美第一座地震台，安装的就是这种地震仪。今天，大部分地震仪仍然按照米尔恩和他助手的发明原理进行设计。

1888 ~ 1889 年，德国物理学家帕斯维奇研制成光记录式水平摆。为了研究垂线偏差，1889 年 4 月 17 日，他意外地在德国波茨坦第一次记录到发生在日本的远震。随着这种不受限制的全球监测，地震和地质学研究的新时代宣告开始。

20 世纪初期的 40 年期间地震仪在诸多方面又有了显著的进步：日本大森房吉制成水平摆式地震仪，采用机械杠杆放大熏烟记录；德国地震学家维歇特制成倒立大型水平向及垂直向地震仪，提高了放大倍数。俄国伽利津研制了电流计记录式地震仪，将机械能转换成电能，极大地提高了地震仪的灵敏度。美国人贝尼奥夫发明了更实用的地震仪器，能记录固定在地面相距 20 米的两个方柱之间距离的变化。

二次世界大战后，地震仪的研制又有了长足的进步。放大倍数提高到数万倍甚至数百万倍，同时也拓宽了观测频率范围。新的仪器不断出现，运用计算机快速处理和储存地震资料，使地震学的发展步入了一个崭新的阶段。

核能测试检测系统的出现促进了现代地震仪的发展。1960 年，核爆炸的威胁促使世界性的地震监测仪网络建成，地震仪被大规模地投入使用，在 60 多个国家共设立了 120 多台地震仪。

◇现代地震仪的工作原理

虽然现代地震仪非常复杂，但是它们所依据的基本原理是一样的。

地震仪是如何工作的呢？最粗略的验证地震的方法，是将不同高度的小圆柱体放在一个水平的平面上，当地震发生时，这些圆柱体会倒下。不同程度的地震会导致不同稳定性的圆柱体倒下。也就是说，当地震不强烈时，只有那些最不稳定的圆柱体倒下；而地震很强时，所有的圆柱体都会倒下。这只是简单的一个测试地震的方法，无法精确地记录地震的波动状况。

当我们写字的时候，笔在纸上移动，从而留下了痕迹；相反，如果我们保持笔不动而纸移动，我们也可以在纸上留下痕迹。这种原理可以用来记录地震的波动情况。

可能有些人会担心，当地震发生时，纸和笔都在动，怎么能精确地记录地震的运动情况呢？

我们可以做一个小试验。取一段1米左右的长线，在线的一头系上一个重物，用手拿住线的另一头，将重物悬在空中，保持重物的底端刚好轻轻地接触地面。然后，轻轻地前后左右摆动拿着线的手。你会发现，重物的低端几乎不会移动。这其中的原理就是惯性。线一端已经随手的移动而移动，但是重物的一端由于惯性的作用，仍然保持在原处。也许移动的手会对重物的位置产生影响，但这种影响已经通过长长的线大大地削弱了。同样的道理，如果我们将纸放在下面，用一支可以书写的笔代替重物，我们就可以记录地震的波动情况了。

事实上，为了记录更精确，平铺的纸可以用一个随着轮子转动的纸圈代替。这样，当地震没有发生的时候，笔会在纸上留下一条直线；当地面发生与此垂直的波动时，就会在纸上留下波浪状的记录。不过，其问题是无法记录与直线同方向的波动。但是，多个不同方向的装置，就完全可以弥补这些不足。

地震时，地面同时在三个方向上运动：上下、东西和南北。地面运动可以是位移、速度或加速度。为了研究完整的地面运动，一定要将这三个分量都记录下来。

尽管根据不同的研究目的，需要设计不同类型的地震仪以满足各方面的需要，但就基本原理而言，目前的地震仪基本上都是建立在以一套弹簧摆为拾震器的仪器的基础上的，即俗称的摆式地震仪。

常见的地震仪一般由拾震器、放大器（换能器）及记录系统三个部分组成。

拾震器是接收地面运动的一种传感器，它主要有一个摆锤，通过弹簧拴在一个能与地面一起运动的固定支架上。

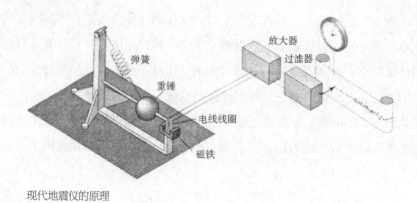

弹簧

重锤

放大器

过滤器

电线线圈

磁铁

现代地震仪的原理

　　地震仪的放大技术是逐渐发展的。最早采用的是机械放大和光杠杆放大，将摆的运动通过杠杆放大，直接在熏烟纸上记录或由摆反射的光显示在相纸上。这种早期地震仪的放大倍数到千倍级已经很有难度了。现代地震仪基本采用电子放大器，以提高地震仪的灵敏度。此时，就必须采用换能装置，先将地面运动的机械信号转换成电信号。

　　目前使用最为普及的地震换能器是电磁型换能器。这种换能器的优点是结构简单、灵敏度高、长期使用性能稳定。

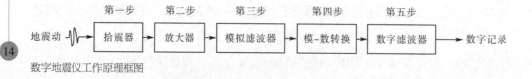

第一步　　第二步　　第三步　　第四步　　第五步

地震动 　拾震器 → 放大器 → 模拟滤波器 → 模-数转换 → 数字滤波器 → 数字记录

数字地震仪工作原理框图

　　20世纪70年代中期以前的地震仪基本都是模拟记录地震仪。随着数字电路技术的高速发展和普及，传统的模拟记录正逐步被数字记录所取代。

◇震中位置是如何确定的

　　地震定位是地震学中最经典、最基本的问题之一。提高定位精度，也一直是地震学研究的重要内容之一。对于震中位置的概念，就宏观与微观来说，是有所不同的。

最早人们认为地震振动或破坏最强烈的地方是地震中心，这个区域，就称为极震区或震中区。有时它包括的范围很大，但实际上，人们并不知道地震中心具体在什么地方。

现在地震学家认为，微观震中和宏观震中是有区别的。

地震在震源处发生，当地岩石遭受到破坏，其范围常常很大，究竟哪一点是破裂的起始点，人们还是无从知道。由于岩石破裂，激起了地震波向外传播，根据周围地震台的观测结果，可以证明最剧烈的波动是从地震断层间一点辐射出的，并可按理论推导，找出辐射的发源点，显然这就是震源。由震源直上到地面，就是震中。理论上说，它是一个点，

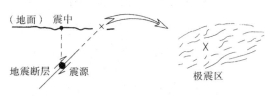

微观震中与宏观极震区示意图

它的地理位置可用经纬度确定，这就是仪器测定的震中或微观震中。

对于微观震中的测定，也就是利用仪器记录进行震源定位，始于欧洲和日本，最初使用方位角法，随后是几何作图法和地球投影法。20世纪60年代后，计算机开始应用在了地震定位中，目前作图定位法已被计算机定位法代替。

根据多年的观测数据，可把从已知地震的震中至已知地震台的距离（震中距）和各震相从震源传播到各地震台所需的时间（该震相的走时）编列成走时表，或绘成一组走时曲线。当发生一个新地震时，就可利用某两种波的走时差来求得震中位置。

例如，P波的传播速度比S波快（P波最先到达，且最清楚），因此P波同S波的到时差愈大，震中距就越大，即地震越远。测得了这个到时差S－P，就可以从走时表或走时曲线上查出震中距。

把记录到的P波的3个分量的振幅除以仪器的放大倍数，折算为地动位移的大小；将3个分量合成地动矢量，即可判明地震波传来的方向。有了距离和方向，即可定出震中位置。仅用一个台的数据所定的震中位置很不准确；如果用许多台

的数据，精度就可以提高。

例如，采用 3 个台的数据，可以求得 3 个震中距，以 3 个震中距为半径，以各台为圆心，则所作的 3 个圆相交于一点或近似相交于一点，这点就是震中。如果震中距超过 1000 千米时，就不能把地面视作平面，而必须考虑地面的曲度，必须用球面三角方法来计算震中位置。

上述测量方法虽然直接、简单，但对远震则很不适用，特别是方位如有微小误差，在远处就可能引起很大的误差。现在常用的方法是先假定一个大致的震中位置和震源深度，由此计算出地震波从震源传播至各地震台的走时，并与实际观测值相比较，然后对假定的震中位置和震源深度略加修正，再重复上述计算。如此迭代，直至误差小到令人满意为止。这种方法能尽可能多地利用各台站的观测数据，所得结果比较准确。

◇地震灾害与活断层的关系非常密切

地球从内到外由地核、地幔和地壳三部分组成。地壳位于地球的表层，在地壳的中上部，发育数量庞大的断层。它们错断地层和岩石，使得不同岩石之间以截然的界线相接触。对于人类而言，断层的存在既有好的一面，例如，断层可以构成油藏构造的组成部分，在其他矿产的形成过程中也起着重要的作用；也有有害的一面，比如，断层能错断煤层，增加开采的难度，断层的存在能造成岩体的破碎，产生地质灾害，也不利于工程建设。

断层是长期地质活动的结果和参与者。和生命现象一样，断层也具有形成、发展和消亡的过程。一般而言，有一定规模的断层的形成和灭亡的过程都相当慢长。地球上的许多断层都是老断层，它们不活动，沿老断层面也不再有运动，很多曾经是水、气和矿物离子通道的断层破碎带已经固结。而有些断层正在形成，最初是在完整岩石中开始的微小的裂隙；然后，裂隙扩展，不同的裂隙相互连接，最后才能成为成熟的断层。

和防震减灾工作关系最密切的断层是活断层。活断层一般是指晚更新世（约

16

10万年）以来曾经活动，未来仍可能活动的断层。按照运动性质的不同，活断层有走滑、正断和逆冲以及其他的一些过渡类型。活断层可以是在老断层基础上继续活动的结果，也可以是在岩石中新形成的破裂构造。

在多数情况下，识别活断层并不难。因为活断层具有断层的一般特征，是不同岩石和地层的分界线；除此之外，它们还具有非常明显的标志，往往控制最新沉积物的分布和现今地貌格局。例如，活断层常构成山区和平原的分界线，对河流的走向、分布格式和拐弯具有一定的控制作用。

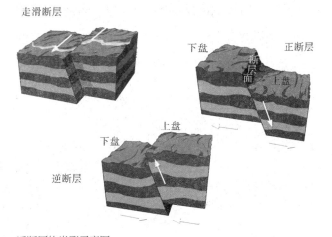

活断层的类型示意图

研究发现，活断层与地震灾害的关系非常密切。活断层决定着多数破坏性地震的发生位置；活断层的规模大小、运动性质和活动时代等属性，决定着地震震级的大小。同时，活断层对强地震地面运动具有复杂的影响。城市及附近地震，可加重发震活断层沿线建筑物的破坏和地面灾害。特别是位于城市之下的活断层突然快速错动所导致的"直下型"地震，能引起巨大的城市地震灾害。

比如，1976年唐山7.8级地震造成了约24万人死亡，同时造成了大量的财产损失。有学者认为，现今活动的唐山断层是这次地震的发震构造，地震时沿这条断层还形成了规模宏大的地表破裂带，加重了地震灾害。

昆仑山南缘断裂带是青藏高原内部的一条重要的左旋走滑断裂带，全新世（约1万年）以来活动明显。2001年11月14日昆仑山8.1级地震就发生在这条断裂上，沿断裂在地表形成了长度350千米的地表破裂带。很显然，如此强烈的地震如果发生在城市及附近，在地震地表破裂带上的所有建筑物将遭受到破坏，产生巨大的人员伤亡和财产损失。

◇地震的直接灾害和次生灾害

破坏性地震的能量极其巨大，巨大的能量在极短的时间里迅猛地释放出来，并以各式地震波造成地表反复振动，可以在相当宽广的范围内造成各种各样的破坏。

据有关专家统计，全球每年地震灾害平均损失高达 230 亿美元。

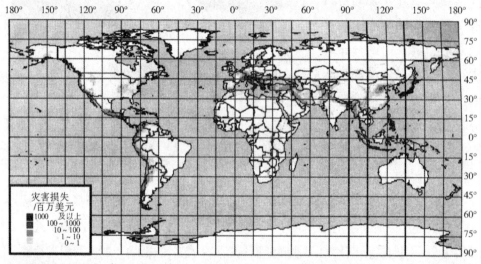

全球地震灾害分布图

据史料记载，近百年来，全世界遭地震毁灭性破坏的城市有 26 座。在几秒至几十秒的时间里，一场大地震就能使人类美好的家园变成一片废墟，造成严重的人员伤亡和财产损失。我国 1556 年华县 8 级地震有 83 万人罹难；1920 年海原 8.5 级地震使 23.4 万人丧生；1976 年唐山 7.8 级地震死亡 24.2 万人；2008 年 5 月 12 日汶川 8.0 级大地震，造成 69227 人遇难，374643 人受伤，17923 人失踪……

一次破坏性地震，往往会造成包括人员伤亡在内的各种灾害，主要表现在如下几个方面：

（1）**地震的直接灾害**

破坏性地震发生时，地面剧烈颠簸摇晃，直接破坏各种建筑物的结构，造成倒塌或损坏；也可以破坏建筑物的基础，引起上部结构的破坏、倾倒。建筑物的破坏导致人员伤亡和财产损失，形成灾害。这种直接因地面颠簸摇晃造成的灾害，称为地震的直接灾害。

房屋修建在地面，量大面广，是地震袭击的主要对象。房屋坍塌不仅造成巨大的经济损失，而且直接恶果是砸压屋内人员，造成人员伤亡和室内财产破坏损失。

人工建造的基础设施，如交通、电力、通信、供水、排水、燃气、输油、供暖等生命线系统，大坝、灌渠等水利工程等，都是地震破坏的对象。这些结构设施破坏的后果也包括本身的价值和功能丧失两个方面。城镇生命线系统的功能丧失，还给救灾带来极大的障碍，加剧地震灾害。

工业设施、设备、装置的破坏，显然带来巨大的经济损失，也影响物资正常的供应和经济发展。

大震引起的山体滑坡、崩塌、液化等地质灾害现象还破坏基础设施、农田等，造成林地和农田的损毁。

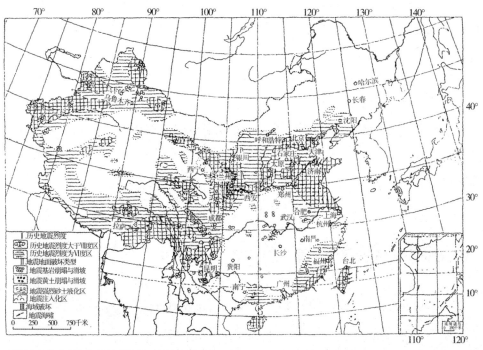

中国历史地震烈度与地震引起的地质灾害分布

（2）**地震的次生灾害**

地震还会间接引起火灾、水灾、毒气泄漏、疫病蔓延、海啸等等，称为地震的次生灾害。例如，地震时电器短路引燃煤气、汽油等会引发火灾；水库大坝、江河堤岸倒塌或震裂，会引起水灾；化工厂管道、贮存设备遭到破坏，会形成有毒物质泄漏、蔓延，危及人们的生命和健康，等等。

特别是人口稠密、经济发达的大城市，现代化程度越高，各种各样的现代化设施错综复杂，次生灾害也越严重。

（3）**地震恐慌也会带来损失**

破坏性地震的突发性和巨大的摧毁力，造成人们对地震的恐惧。有一些地震本身没有造成直接破坏，但由于人们明显感受觉到了，再加上各种"地震消息"广为流传，以致造成社会动荡而带来损失。这种情况如果发生在经济发达的大、中城市，损失会相当严重，甚至不亚于一次真正的破坏性地震。

比如唐山地震后，地震谣言、谣传此起彼伏，我国东部地区大范围内群众产生普遍的恐震心理，在长达半年多的时间里，很多人不敢进屋居住，最多时约有四亿人住进防震棚，打乱了正常生产、工作和生活的秩序，给国家经济生活造成了重大影响。

由于缺乏知识，轻信谣言，人们会因恐慌而停工、停产、停课；会到银行大量提款；会因成群外逃"避震"造成交通堵塞；甚至会引起交通事故、跳楼避险或互相挤踏，造成伤亡。像北京、上海这样的现代化大都市，如果发生地震恐慌，仅停工一天，就会造成数亿元的经济损失。这类因地震恐慌而造成的社会"灾害"，越来越引起人们的广泛关注。

◇地震灾害研究的几个方面

人类对地震灾害的研究始于对它的恐惧，一般通过以下几个方面进行：

（1）**地震调查**

就是直接对地震区域各种地震现象进行调查、分析、研究和评估。这是了解掌握地震发生全过程必不可少的重要环节，特别是对震中及极震区的调查。调查是综合性的，目的包括判断地震的性质、成因，防震、抗震以及地震预测等。

（2）地震区划

就是按一定标准，划出各个地震活动带的活动情况和危险程度。地震区划方法各异，通常以地震的地理分布、次数和强度为依据，即以统计的方法划分地震带；还可以用地震地质的方法，也就是根据地震地质条件，结合统计结果，进行地震的地区划分；也有根据地震能量和频度分布情况来划分的。地震区划作为建筑工程抗震设防的依据或要求，是国家经济建设和国土利用规划不可缺少的基础资料。

（3）地震预防

就是专门研究地震对建筑物，人造结构物的影响和破坏规律。为了寻求最科学、最合理的抗震设计，使建筑物在地震发生时不至于受到严重破坏，需要研究地震作用条件下的结构动力学及结构材料力学问题，同时研究场地地质、土壤条件，对建筑场地进行安全性评价。

（4）地震预测

地震学研究的一个极为重要的目标，就是尽可能准确地预测地震。为地震预测（预报）提供依据的方法和手段很多，有的是寻找与地震内在因素有关的现象和数据，如大地形变、地应力、能量积累、断层移动、大地构造因素等；有的是寻找与地震发生的外部因素有关的现象和数据，如气象条件、天文情况等；有的则是依据地震前的许多前兆现象来预报。

（5）地震物理研究

地震的发生过程基本上是一种物理过程，因此地震可以作为一种物理现象来研究，包括以下几个方面：

一是地震波理论——研究地震波的传播途径和规律以及能量的传播过程。

二是地震机制——研究地震的成因、震源附近地区应力和应变情况以及地震发生的力学过程。

三是地震过程的固体物理学——由地震发生过程中得到的全球性的各种数据，推断地球内部物质的物理性质，如温度、压力、密度、刚性、弹性模量、电磁性质等随深度的变化规律，以及在特殊条件下，地球深处高温高压环境中，固体介质的各种特性和变化规律。

四是地震信息——地球的地壳、大洋、地壳内的地幔、地核都能传递地震信息。研究地震信息在地球本身传递的规律，有助于了解地球内部及地壳的构造。

（6）地震控制

就是用各种方法，改变地震发生的地点，改变发震的时间，改变地震释放能量的过程，化大为小，化整为零，减少地震的破坏和损失。这还是地震学研究追求的一个相当遥远的目标。

二、我国城乡地震灾害的特点与防灾能力现状

◇地震灾害的独特特点

地震灾害是最严重的、造成死亡人数最多的自然灾害，被称为群灾之首。地震灾害对人类的生存威胁很大。与其他自然灾害相比，地震灾害有很多不同的特点：

（1）突发性较强

许多破坏性地震发生前，没有监测到明显的前兆信息；或者发现了一些看似异常的信息，但不能确定与地震有关。这就造成了地震及其灾害与其他许多自然灾害所共有的一个显著特点，即突发性。

虽然地震的孕育是一个缓慢的地质过程，但地震的发生却猝不及防。地震灾害是瞬时突发性的，地震发生时十分突然，一次地震持续的时间往往只有几十秒。在如此短暂的时间内造成大量的房屋倒塌、人员伤亡，这是其他的自然灾害难以相比的。地震可以在几十秒内摧毁一座文明的城市，其破坏性能与一场核战争相比，像 2008 年发生在汶川的 8.0 级大地震，就相当于几百颗原子弹的能量。

事前有时没有明显的预兆，以致来不及逃避，造成大规模的灾难。这是地震的第一个特点，也是最重要的一个特点。

（2）破坏性大，成灾广泛

地震波到达地面以后，可造成大面积的房屋和工程设施的破坏。若发生在人口稠密、经济发达的地区，往往造成大量的人员伤亡和巨大的经济损失。尤其是发生在城市里，像全球在 20 世纪 90 年代发生的几次大的地震，都造成了很多的人员伤亡和经济损失。中国广大的农村，由于历史原因，民居的抗震能力普遍低下，所以，近震 4.5 级以上、远震 6 级以上，就可能会造成倒房，致人伤亡。

1556年1月23日华县8级地震史料

（3）地震灾害分布具有不均匀性

我国强震的频度西部显著高于东部。而造成死亡人数超过万人的地震，以华北与西北的东部居多。青藏高原及其附近荒无人烟的断裂带发生的大地震，通常不会造成大量人员伤亡或巨大经济损失。

我国死亡人数超过20万的4次地震（1976年7月28日唐山7.8级地震、1920年12月16日海原8.5级地震、1556年1月23日华县8级地震和1303年9月25日山西洪洞8级地震），都发生在华北，或者说，古代的中原地区及其附近。因为这里历史悠久，从古代就人口密集，经济、文化发达，遭遇大地震，灾害就特别严重。

（4）社会影响深远

地震由于突发性强、伤亡惨重、经济损失巨大，它所造成的社会影响也比其他自然灾害更为广泛、强烈。地震往往会产生一系列的连锁反应，给一个地区甚至一个国家的社会生活和经济活动会造成巨大的冲击；它波及面很广，震后对人们心理上的影响也比较大。这些因素在地震后极有可能造成一系列连锁反应。

比如唐山地震后，地震谣言此起彼伏，中国东部地区有一大部分群众产生了普遍的恐震心理，在长达半年多的时间里，很多人不敢进屋居住，住进防震棚的人数接近4亿人，严重打乱了正常生产、工作和生活的秩序，给国家经济生活造成重大影响。

（5）防御难度大

与洪水、干旱和台风等气象灾害相比，地震的预测要困难得多。目前，地震的预报还是一个世界性的难题。同时，建筑物抗震性能的提高，需要大量资金的投入；要减轻地震灾害，需要各方面协调与配合，需要全社会长期艰苦细致的工作。因此，地震灾害的预防比起其他一些灾害要困难一些。

（6）灾害程度与社会和个人的防灾意识有关

众多震害事件表明，在地震知识较为普及、民众有较强防灾意识的情况下，可大幅度减少地震发生后所造成的灾害损失。假如人们对防灾常识一无所知，一旦遭遇地震，就不会科学从容地应对，造成很多本不该发生的或完全可以避免的人身伤亡。

1994年9月16日中国台湾海峡7.3级地震，粤闽沿海震感强烈，伤800多人，死亡4人。这次地震，粤闽沿海地震烈度为Ⅵ度，本不该出现伤亡。伤亡者中的90%是因为缺乏地震知识，地震时惊慌失措、争先恐后、相互拥挤奔逃造成的。比如，广东潮州饶平县有两个小学，因为学生在奔逃中拥挤踩压，伤202人，死1人。还是这次地震，在福建漳州就不同了。这里的中小学校都设有防震减灾课，因而临震不慌，同学们在老师指挥下迅速躲在课桌下避震，无1人伤亡。

因此，加强防震减灾宣传，提高人们的防震避震技能，具有非常重要的意义。

◇中国地震的主要分布特征

从世界和中国地震分布图上可以看出，有些地方发生过的地震震中密，有些地方稀。粗略看上去，似乎杂乱无章，实际上，地震的分布并不是完全没有规律，是可以归纳出为地震区和地震带的。

地震带就是地震发生比较集中的地带，一般被认为是未来可能发生强震的地带。地震带常与一定的地震构造相联系。

从世界范围看，地震主要集中分布在三大地震带上：环太平洋地震带、欧亚地震带和海岭（大洋中脊）地震活动带。

在世界不同的区域，又可划分出次一级的地震带。

我国地处世界两大地震带——环太平洋地震带和欧亚地震带之间，受板块挤压的影响，地震断层十分发育，地震活动较多，而且强烈地震多发。

有学者研究发现，中国的地震带和山脉走势密切相关。山脉是地壳板块运动

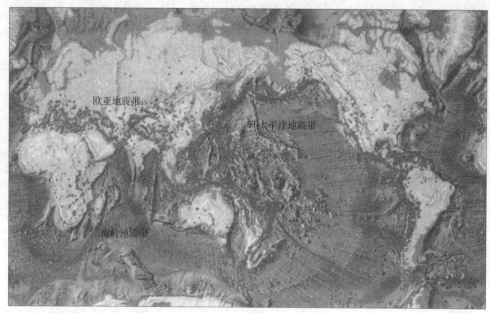

世界三大地震带

互相挤压形成的，地震是地壳运动释放能量自然现象，板块之间的消亡边界，形成地震活动活跃的地震带。

根据研究结果，有关专家将中国及邻近地区划分为 23 个地震带。

东部主要有郯城—庐江地震带、河北平原地震带、陕西汾渭地震带、燕山—渤海地震带、东南沿海地震带等；西部主要有南、北天山地震带，祁连山地震带，昆仑山地震带，喜马拉雅山地震带等；中部有斜穿大陆腹地的南北地震带。另外还有台湾地震带，属于西太平洋地震带的一部分。

根据地震带的分布，可以看出我国的地震主要分布在 5 个地区：

一是华北地区：太行山两侧、汾渭河谷、京津唐地区、山东中部和渤海湾；

二是西北地区：新疆、宁夏、甘肃河西走廊；

三是西南地区：青藏高原、四川西部和云南中、西部；

四是东南沿海：广东、福建的沿海地区；

五是台湾及其附近海域。

在上述 5 个地震区中，以西南地区和台湾及其附近海域的地震活动最为强烈。

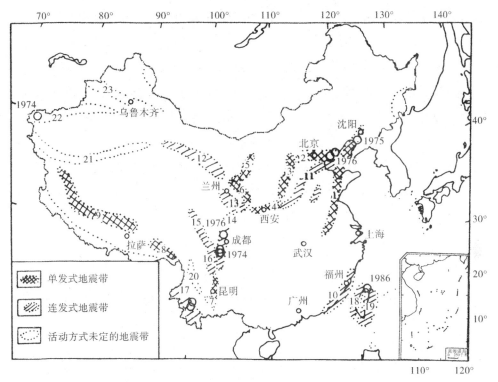

中国地震带的分布图

华北地震区的地震强度和频度仅次于西南地区和台湾及其附近海域。但是，华北地震区位于中国人口稠密、大城市集中、政治和经济、文化、交通都很发达的地区，地震灾害的威胁极为严重。

其他地区也不是没有地震发生，而是发生在这 5 个地区内的地震占到了绝大多数。因此，这些地区是我国地震监测防御的重点地区。

◇中国地震灾害相对比较严重的原因

20 世纪全球共发生了 3 次震级大于或等于 8.5 级以上的特大地震。其中有两次发生在中国，即 1920 年中国宁夏海原 8.5 级和 1950 年中国西藏察隅 8.5 级地震；另一次是 1960 年智利南方省的 8.9 级地震。

27

我国地震活动有频次高、强度大、分布广的特点，在全球范围内的强震活动中占有相当的比重。据统计，20世纪在全球大陆地区的地震中，我国发生的强震所占的比例约为1/4～1/3；因地震造成的死亡人数和灾害的损失占到了1/2。

我国地震灾害十分严重。全国32个省、自治区和直辖市中，除贵州和浙江两个省以外，都发生过6级以上强震。1900年至今，我国死于地震的人数已超过了70万人，约占同期全世界因地震死亡人数的一半。

造成我国地震灾害严重的原因，首先是我国地处世界上两个最大地震集中发生地带——环太平洋地震带与欧亚地震带之间；在我国发生的地震又多又强，其绝大多数又是发生在大陆的浅源地震，震源深度大都在20千米以内。因此，我国是世界上多地震的国家，也是蒙受地震灾害最为深重的国家之一。

其次，我国许多人口稠密地区，如台湾、福建、华北北部、四川、云南、甘肃、宁夏等，都处于地震的多发地区；约有一半城市处于基本烈度Ⅶ度或Ⅶ度以上地区。其中，百万人口以上的大城市，处于Ⅶ度或Ⅶ度以上地区的达70%；北京、天津、太原、西安、兰州等大城市都均位于Ⅷ度区内。

我国地震灾害严重的另一个重要原因，就是经济不够发达，广大农村和相当一部分城市，建筑物的质量不高，抗震性能差，抗御地震的能力低。

在某种程度上，我国地震灾害损失严重，还与民众对地震灾害的防范意识不强有很大关系。防灾意识淡薄、防灾知识缺乏，会造成在地震来临时惊慌失措，无法展开有效的自救和互救，甚至会因为混乱造成更严重的灾害，由此引发一系列的社会问题。

我国地震区分布广，涉及人口众多，面对我国地震活动频繁的现状，加强民众防灾知识的教育是一项紧迫的任务。

建筑抗震能力普遍偏低也是我国震害严重的主要原因之一。建筑质量与震害的关系更是密不可分的，一次又一次的地震灾害充分证明了这一点。由于历史的原因，我国部分城市的房屋抗震性能较差，1978年以前，多数建筑工程未考虑抗震设防，使我国大部分城镇整体的抗震能力薄弱，存在很大的隐患。这也是为数不多的几次发生在城市的破坏性地震灾害严重的原因。

近年来，我国城市快速发展，人口和财富高度集中，大批建造的新型建筑成为城市的主要景观，加上熙熙攘攘的人群，密如蛛网的道路，川流不息的车流，呈现出一片繁荣的景象。但应该认识到，城市的高度集中化使城市中各个系统之间的相互关联愈加紧密，往往会牵一发而动全身，在突发灾害面前反而更为脆弱。

从建筑单体看，新建建筑材料和结构形式要优于以往的旧建筑，但同时对设计、施工的要求更高，如果片面追求高速发展，疏于管理，不严格把好质量关，新建工程的抗震能力无法得到保证，一旦遭遇破坏性地震，造成的后果更为严重。

我国大部分的村镇地区建筑仍以传统的土、木、砖、石为主，建筑的抗震能力更差，近几年发生的破坏性地震又多发生在经济相对落后的西北、西南等地区，因此建筑的破坏也更严重。这些地区地域辽阔，地震活动性强，未来破坏性地震的发生可能性仍然较高。

我国的抗震防灾体系和日、美等发达国家相比，还有相当的差距，如果发生同等强度的地震，可能造成的伤亡和损失会严重很多。整个社会防灾体系的建立和完善需要一个漫长的过程，不仅要有正确的防灾意识作为指导思想，还要有切实可行的法律、法规来保证其贯彻和实施，与技术经济水平相适应的技术标准体系也是重要的保障。同时，只有全民防灾意识的提高，才能真正提高我们抵御地震灾害的能力。

◇我国现代城市地震灾害的显著特点

随着城市化的发展，人类社会面临灾害的类型也发生了变迁。由于人口与生产力向城市集中，城市地震灾害的特点也发生了很多变化，防灾减灾形势更加严峻。

如果地震发生在远离大陆的海洋或人烟稀少的荒漠，通常不会引起人们的关注；只有当地震发生于人类居住地并造成人员伤亡或财产损失时，才会影响我们的生活。在大城市，人口稠密、房屋集中，高楼林立，地震的破坏性及其灾害严重性往往表现得更为突出。总结起来，现代城市地震灾害的显著特点有三个：

（1）城市地震灾害往往会造成惨重的人员伤亡和巨大的财产损失

城市一旦遭到地震的突然袭击，几十年、几百年建设起来的城市，顷刻之间就可能变成一片废墟。未来的城市地震灾害将随着城市的日益扩展而愈加严重；同时，现代城市地震灾害的特点，是对生命线工程破坏的影响巨大。比如交通系统，地震致使城区道路开裂，高速公路的立交桥倒塌，铁路扭曲、机场破裂，不仅会出现交通事故，而且可能造成停止运营、交通拥挤、瘫痪。此外，由于电力系统、通讯网络、上下水道、煤气管道出现震害，城市社会将处于混乱的状态中。

　　同等强度的地震，随着生产力发展水平和产业结构的不同，所造成的危害程度（包括人员伤亡和经济损失程度）会产生明显的差异。生产力发展水平越高，产业结构越复杂，这种差异也越大。比如 1995 年日本阪神 7.2 级地震，引发火灾 137 起，火神肆虐吞噬着神户、大阪这些现代化大都市，造成的经济损失高达 1000 亿美元。这些损失远非古代或近代同种灾害所能比拟。

1995 年阪神 7.2 级地震引发多起火灾

（2）城市地震灾害的次生灾害比较严重

　　在世界地震史上，有关次生灾害的破坏可以追溯到远古。而产生深远影响的以 20 世纪以来的城市地震的次生灾害最为突出。如 1923 年 9 月 1 日，日本关东地区发生的 8.3 级地震，震中位于东京和横滨两座大城市之间。震后市区 400 多处同时起火，引发大面积火灾，横滨市几乎全部被烧光，东京的 2/3 城区化为灰烬，在地震死亡的 10 万人中 90% 死于火灾；在毁坏的 70 万栋房屋中，有超过 5000 栋是被大火烧毁的，地震次生灾害损失大大高于地震直接造成灾害的本身。

我国是遭受地震灾害严重的国家，其中地震次生灾害加大了灾害程度。最为典型的实例是 1976 年 7 月 28 日唐山发生的 7.8 级地震，24 万余人死亡，一座现代化工业城市顷刻间夷为废墟，同时也引发了较为严重的次生灾害。据不完全统计，强烈地震使唐山市区共发生大型火灾 5 起，震后防震棚火灾 452 起，毒气污染事件 7 起，工业废渣堆滑坡事件 1 起，都造成了严重的人员伤亡，经济损失逾百万元。唐山大地震还给人们的心理上、精神上造成重创，一时间人们"谈震色变"，恐震心理极为严重。

许多城市发生的地震灾害都伴随不同程度的火灾、水灾，这是因为城市的各个角落都存在各种危险品、易燃品、易爆品。这些是造成危害城市的灾害源，在地震时常出现严重的意料之外的次生灾害。

人们对次生灾害知识缺乏常识性了解，防御及应急能力差，这些都大大降低了城市的抗震性能，并在一定程度上助长和滋生了地震次生灾害的蔓延。全球因特网的迅速普及，局域网、个人电脑已广泛应用，然而一旦发生破坏性地震，造成存储信息丢失，网络系统瘫痪，将制约全球经济的进程，其造成的危害程度和影响范围也是非常巨大的。

目前，城市地震次生灾害问题已引起全社会的广泛关注。在强化城市发展的同时，要充分考虑城市合理规划，除对重大工程和可能产生严重次生灾害的工程进行必要的抗震设防外，还应积极开展城市活断层探测研究工作，以最大限度地减少次生灾害源，将城市灾害控制在最低限度。

（3）城市地震灾害还容易造成严重的社会问题

在生产力欠发达，抵御自然灾害能力较弱的古代社会和现代社会的欠发达国家和地区，地震对受灾地区发展的负面影响更为明显。在公元 6 世纪，地震先后 6 次波及拜占庭帝国东部的大都市安条克，给该城造成了极大的破坏。在灾害过后，尽管拜占庭皇帝和安条克地方政府、教会与民众都比较积极地参与救灾活动，但因为灾害本身过于严重，加之在地震次生灾害应对上的疏忽，安条克城市的发展最终还是在该时期陷入了低谷。

2010 年 1 月 12 日下午海地发生 7.0 级强烈地震，距离首都 16 千米，震源深度为 10 千米，地震发生后当地又发生 5.9 级余震。太子港市及其附近多座城镇被毁，该国的总统府、议会大厦、联合国驻军总部大楼、以及其他政府部委和监牢等要害建筑都被震塌，方圆几十千米一片废墟，尸体遍地，成为人间地狱，仅太子港市震后第三天就找到约五万具尸体；地震后 5 天内共掩埋 7 万多具尸体。海地大地震的灾民劫后余生，迟迟得不到救援物资，部分灾民竟冒死抢掠，首都太子港到处都看见手持大刀的人，街头不时传出枪声，局势已到失控地步，太子港的治安形势非常混乱。

由于海地的国家监狱在地震中倒塌，大约 4500 名重犯越狱逃跑。这给本来就动荡的海地治安形势又蒙上了一层阴影。甚至出现了外国救助队员遭袭击的状况，其中还包括几名外国救助队员被枪打伤。另外，海地当地的一个武器库被暴徒洗劫，至少 5 名当地警察被暴徒打死……

地震灾害不仅在震后一段时间内会使城市社会处于极度悲惨和混乱状态，而且给社会留下的后遗症将长期影响着人们，有时还会引发政治问题。城市灾害还影响到城市周围的地区或其他城市，还将严重影响和制约国家和社会的发展。一般的大地震可使一个城市或国家的区域社会经济发展进程延缓 10 ~ 20 年，对城市社会经济产生持久的不利影响。由于城市的特殊性和复杂性，也给抢险救灾和恢复重建增加了难度。

今后，随着城市化的不断提高，城市受灾、致灾因素也会不断增加，城市会更加脆弱，易损性会更加突出。所以随着城市向大、高、密的方向发展，城市的防震减灾工作，尤其是地震多发区的城市防震减灾工作越发显得重要。

◇地震灾害对农村地区造成的主要影响

地震灾害是对我国农村地区尤其是西部农村影响较重的自然灾害之一。破坏性地震对农村的影响，主要包括如下几个方面：

（1）地震灾害致使大量农村民居遭受破坏

2003年的新疆巴楚—伽师6.8级地震，震级不是很大，但破坏却十分严重。除地震震源深度较浅（25千米）是一方面原因外，当地房屋质量差是更为主要的原因：很多房屋没做地基处理，建在平地上，稳定性差；建房的土坯未经过加工，质地松散；土坯之间由泥浆连接，相互不啮合；房屋跨度大，没有支撑，房梁过细，整体性极差；同时，当地居民抗震意识淡薄，建筑房屋过程中很少考虑自然灾害因素。因此，造成当地房屋地震损毁严重。

2008年的汶川8.0级地震中，在重灾区，农村民居受灾情况十分严重，倒塌现象普遍。这是由于大部分民居建于20世纪90年代前，且大量使用砖瓦、木头等简易材料，缺乏相应的建造技术，再加上砌筑墙体的黏合材料强度差，绝大多数都没有进行专门的抗震设计，因此，震害现象十分严重。

以前，我国大部分农村地区在进行村镇规划时，都没考虑地震安全问

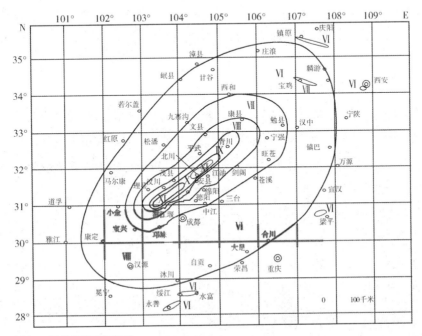

汶川8.0级地震烈度分布图

题，农村民居基本不设防，抗震性能差。受当地地理条件、经济情况以及民风民俗等影响，农村民居在地基选择、房屋结构形式选用、建筑材料选取以及施工等方面，普遍存在这样或那样的安全隐患。在个别农村，往往 5 级左右的地震，就可能对民居造成相当数量的破坏；6 级地震时，有大量的民居遭受严重破坏和倒塌；7 级地震时，则大部分民居会遭到严重破坏或倒塌。房倒屋塌的直接结果，就是可能造成大量的人员伤亡和财产损失。

（2）地震灾害给农业生产带来的严重影响

我国是农业大国。农村地域辽阔，破坏性地震发生后，农业生产往往会受到直接或间接的影响。一般而言，地震农业灾害损失主要体现在几个方面：农田、山地被毁；农业设施遭 到破坏；农业生产资料和生产工具被毁坏；生产力遭到很大程度的破坏等。

（3）地震灾害给农民身心造成巨大影响

地震灾害会给民众身心带来巨大伤害，让人们心理上产生极度恐慌。特别是较大破坏性地震发生后，所造成的严重灾害后果，往往会使灾区的人们产生严重的恐震思想。一些震后的异常，经常被怀疑是当地或邻区即将再次发生地震的前兆现象等。地震谣传不胫而走，影响人们的理性判断能力，制约了震后重建，给经济秩序以及正常生活，带来不应有的损失。

（4）农村居民因灾致贫、因灾返贫

破坏性地震往往给农村造成严重的灾害损失，灾民除可能遭受人身伤害外，还可能要面对房屋倒塌、农作物减产绝收、生产生活用具损坏无法使用等种种困难。加上部分农户经济相对不富裕，往往发生因灾致贫、因灾返贫现象。尤其是在我国一些偏远山区、贫困地区，这种现象较为常见。

（5）对农村经济、社会造成的影响

目前，我国广大农村地区经济不断发展壮大，特别是一些沿海地区，农村经济非常发达。如果遭受地震灾害，损失也将非常巨大。

地震灾害发生后，大部分农村工业企业可能停产，部分企业原材料和半成品可能遭受损毁，商业企业货源可能受到影响。同时，由于恐震心理和避震考虑，农村居民生活可能会受到一定影响，部分居民在外食宿，中小学停课等。在进行防震减灾工作时，要充分考虑如何消除或减少这些方面的影响。

◇农村民居抗震能力差的主要原因

地震灾害发生时，部分农村民居由于抗震能力差，顷刻间坍塌，造成严重的人身财产损失。那么，这些民居为何如此不堪一击呢？归结起来，主要原因有以下几点：

（1）农村民居普遍存在地震安全隐患

由于缺少防震抗震意识，很多农村民居建设基本不设防；再加上缺少设计图纸；缺少抗震设防要求管理；缺少施工质量监督；缺少施工队伍资质管理；缺少施工人员职业资格管理等因素，造成了农村民居普遍存在地震安全隐患。具体主要表现在如下方面：

一是场地问题。不能正确选择建设场地，没有完全避开河流、湖泊、池塘岸边、山顶、陡崖、斜坡、软弱或不均匀土层等不利于建房的场地。

二是基础问题。普遍存在着基础与地基不牢固、结构不合理、主体强度不够、跨度和开间过大、屋顶过重等现象，房屋整体抗震性能差。

三是材料问题。建筑材料质量差、材料配比达不到基本要求。

四是设计问题。缺少规范的抗震设计，基本上未采取地圈梁、构造柱、搭接筋、上圈梁等抗震措施。

五是结构问题。对地震危害性和房屋抗震方法缺乏了解。建房往往讲究房屋外表而忽视结构安全。

（2）农村民居建筑结构类型良莠不齐

据调查，目前我国大部分农村民居建筑结构类型主要有：砖木结构、砖混结构、木架结构、石木结构、土坯房、土窑洞等，只有沿海或经济发达农村地区采用框架结构。

砖木结构一般指用砖墙、砖柱、木屋架作为主要承重结构的建筑，大多数农村民居、庙宇等都是这种结构。该结构建造简单，材料容易准备，费用较低，因而在以往备受青睐。但是，这种住房抗震能力较弱，在地震灾害来临时往往支撑不住而倒塌、损毁。

砖混结构一般指建筑中竖向承重结构的墙、柱等采用砖砌，柱、梁、楼板、屋面板等采用钢筋混凝土结构的房屋结构类型。砖混结构抗震性能较佳，但它是以小部分钢筋混凝土和大部分砖墙承重，如果承重墙的厚度及长度达不到强度和稳定性的要求，往往就会留下较为严重的地震安全隐患。

土坯房是指由麦秸、稻草铡切成一定长度与土和在一起，在一定规制模框内，由人工制成的坯块的砌墙材料，再加上木制屋架或桁檩为屋盖结构的房屋。土坯房抗震能力极差，震级不是很高（比如6级左右）的地震来临时，往往遭受严重破坏，甚至倒塌。

土窑洞所需建筑材料很少，施工简单，造价低，冬季保温条件好。因此，在有些地区至今沿用。土窑洞在地震作用下，两侧的拱脚外闪，发生水平裂缝，拱顶开裂，严重时可引起拱顶塌落；后堵墙与拱圈拉结不牢，地震时易开裂，轻者出现大裂缝，重者后堵墙倒塌；土坯强度较低，拱跨跨度大者，易引起拱顶塌落。

因为农村民居抗震能力差，所以，全面加强农村的抗震设防工作，是防震减灾工作必须重视的一项内容。

◇我国开展农村民居地震安全工程的背景

我国是世界上地震灾害最为严重的国家之一，而我国绝大多数破坏性地震发生在农村。20世纪在大陆发生的63次7级以上地震中，就有62次发生在农村地区。地震造成的死亡人员，近60%为农村人口。

长期以来，受社会和经济发展水平的制约，广大农村地区防震减灾意识淡薄，缺乏必要的防震知识，国家又未将农村地区建房纳入建设管理体系，大多数房屋未经正规设计正规施工。可以说，我国农村民居基本还处于不设防的状态。改变农村民居防震能力现状，对于维护广大农村地区社会稳定、保障经济发展具有重要意义，更是建设社会主义新农村、构建和谐社会、实现全面建设小康社会奋斗目标的迫切需求。

针对农村民居普遍不设防，地震中人员和财产损失比较大的现实，2004 年 1 月 8 日，18 名院士联名提出启动"地震安全农居工程"的建议，国务院领导对院士的建议给予了充分肯定，并要求地震等相关部门加以研究。

在 2004 年国务院召开的全国防震减灾工作会上，以及会后下发的《国务院关于加强防震减灾工作的通知》中，党中央、国务院对农村民居地震安全工程提出了明确要求，农村民居地震安全工程开始启动。

2006 年，为及时总结交流经验，积极推进农村民居地震安全工程进展，国务院在新疆组织召开了全国农村民居防震保安工作会议。会后，国务院办公厅转发了地震局和建设部《关于实施农村民居地震安全工程的意见》，明确了实施农村民居地震安全工程的指导思想、工作目标和工作原则，确立了主要任务和保障措施，全面部署了农村民居地震安全工程的实施，农村民居地震安全工程在全国全面铺开。

2006 年 12 月，国务院办公厅印发了《国家防震减灾规划（2006—2020 年）》，明确将"建成农村民居地震安全示范区"，作为防震减灾"十一五"阶段目标，并将开展农村民居抗震能力现状调查，研究推广农村民居防震技术，加强对农村民居建造和加固的指导，推进农村民居地震安全工程建设，作为 2006—2020 年防震减灾的主要任务之一。

必须指出的是，农居工程在取得辉煌成绩的同时，在实施过程中也暴露出一些问题，存在一些困难。以往的经验和各地开展工作的实际情况表明，农村民居地震安全农居工程是一项复杂和浩大的社会公益性事业，以下三个问题和困难制约着农居工程的开展：

一是我国针对农村民居抗震设计施工的政策法规相对滞后，农村民居建设仍没有纳入政府管理，农村建房的管理体制基本处于空白的状态；农民自主建房缺乏整体规划；农村工匠管理缺位，水平参差不齐，建房质量难以保证；农民为了追求房屋造价低廉，盲目减少或替换建筑材料，降低抗震性能和房屋质量的现象依然普遍。解决这些问题，是农村民居地震安全工作长期化制度化的基本要求。

二是农村民居地震安全工程建设资金短缺，而实际工作中，普查和宣传工作的开展、农居实用抗震技术的研发、示范点和特殊地区必要的资金扶持等工作，又必须开展，客观上存在着需求与现实之间的矛盾。

三是长期以来，受经济和社会发展水平的制约，广大农民群众防震减灾意识淡薄，农民建房一般不考虑抗震因素，一些落后不利于抗震的传统建房习惯和风俗，在很多地区仍然盛行，需要长期深入的工作予以转变。

◇实施农村民居地震安全工程的原则和任务

实施农村民居地震安全工程是国务院加强新时期防震减灾工作的重要举措，是坚持以人为本，把人民群众生命财产安全放在首位的具体体现。其基本工作目标是，全面推进农居工程的实施，努力提高农村民居防震保安能力，到2020年，力争使全国农村民居基本具备抗御6级左右、相当于各地区地震基本烈度地震的能力。

实施农村民居地震安全工程，应坚持的工作原则是：政府引导、农民自愿，因地制宜、分类指导，经济实用、抗震安全和统筹安排、协调发展。

在加强政府支持和社会扶助的同时，制定政策措施，充分调动广大农民群众自力更生建设美好家园的积极性，要充分尊重农民群众意愿，讲求工作实效。通过典型宣传、科学指导、政策扶持等多种途径，引导广大农民群众自愿参与。根据广大农村地区自然条件不同、风俗民情各异、经济发展不平衡的现状，区别对待，有针对性地加以指导。要立足当前，着眼长远，帮助和引导农民建造抗震性能好、造价合理的房屋，改善农民居住条件。

实施农村民居地震安全工程的主要任务是：

（1）制定农居工程建设规划

各地区应制定本地区农居工程建设规划，明确总体思路、分阶段目标、建设内容和保障措施，并纳入当地国民经济和社会发展规划。制定规划要紧密围绕统筹城乡发展的总体要求，充分保障农民的切身利益。

（2）加强村镇建设规划和农村建房抗震管理

要按照统一规划、合理布局、科学选址、配套建设的原则，做好村镇建设规划的编制和修编工作，把抗震防灾作为村镇建设规划的重要内容，充分发挥村镇规划的调控作用，使农民建房避开地震断裂带、抗震不良场地和滑坡、泥石流、塌陷、洪水等自然灾害易发地段。对统一建设和改造的民居，要按照有关技术标准进行抗震设防，明确施工和验收要求，加强工程质量监管，确保抗震质量。对村民自行建设和改造的房屋，要积极探索符合实际、行之有效的抗震设防质量管理机制和办法。

（3）加强农村民居实用抗震技术研究开发

各级地震、建设等部门要在深入调查研究的基础上，了解、掌握现有农村民居的抗震能力，针对各地农村民房和建筑材料的特点，充分考虑农民的经济承受能力，大力开展农村民居实用抗震技术研究开发，制定农村民居建设技术标准，编制适合不同地区、不同民族、不同需求的农村民居抗震设计图集和施工技术指南，有条件的地区可以向建房农民免费提供。开展地震环境和场地条件勘察，提供地震环境、建房选点等技术咨询及技术服务，为农村民居建设选址、确定抗震设防要求提供依据。

（4）组织农村建筑工匠防震抗震技术培训

各地区应通过政府部门、非营利机构和企业等多种渠道，采用组织培训班、学习班等多种形式，普及抗震设防技术，培养一大批掌握农村民居抗震基础知识和操作技能的农村建筑工匠，为推进农居工程做好人才准备。

（5）建立农村防震抗震技术服务网络

鼓励县（市、区、旗）政府成立农居工程的服务组织，乡（镇）政府应有负责农居工程管理服务工作的人员，依托地震群测群防网络、村镇建设管理服务机构等基层组织资源，建立技术服务站和志愿者队伍，逐步形成能长期发挥作用的农村防震抗震技术服务网络。要注重指导农民对现有房屋进行加固，提高农村民居抗震能力。

（6）组织实施农村民居示范工程

各地区应从实际出发，按照"试点先行，逐步推开"的原则，选择有条件、有代表性的地方，采取示范区、示范村和示范户等多种形式实施农村民居示范工程，新建、改造和加固一批安全、适用且对周围农民有吸引力的样板农村民居，发挥以点带面和典型示范作用，带动农居工程的全面实施。

（7）加强农村防震减灾教育

要广泛持久地普及防震减灾科学知识，倡导科学减灾理念，传播先进减灾文化，引导广大农民群众崇尚科学、破除迷信、移风易俗，主动掌握防震减灾技能，切实提高广大农民群众的防震减灾素质，真正使农居工程进村入户，深入人心，增强农民群众参与的主动性和自觉性。

◇农居地震安全建设工作主要做法和成绩

自地震安全农居工作开展以来，取得的进展和成绩是非常显著的。目前，无论是重点监视防御区，还是非重点监视防御区，无论是地震背景强烈的地区，还是少震地区，各地都在积极推进这项工作，并且取得了明显的减灾实效。

已经建成的抗震农居，在新疆 2005 年乌什 6.2 级、2007 年特克斯 5.7 级、2008 年于田的 7.3 级和乌恰 6.8 级等等地震中，都经受了考验。2008 年的汶川特大地震中，在四川的德阳和甘肃的陇南这样一些重灾区，已经建成的大多数抗震农居，都能够保持基本完好或者受损轻微。宏观烈度达到 X 度的四川绵竹市的盐井村，有 57 户抗震农居遭到了严重破坏，因为地震作用异常强烈，但是没有造成倒塌，减少了人员伤亡。这些都充分显示了农居工程的显著成效和生命力。

具体地说，在地震安全农居建设工作方面的主要做法和所取得的成绩体现在以下几个方面：

（1）周密部署，及时印发文件

2006 年，国务院在新疆召开全国农村民居安保会议，部署全国开展农村民居地震安全工程；2007 年国务院办公厅转发地震局建设部《关于实施农村民居地震安全工程意见的通知》，农居工程在国家层面正式启动；2009 年 5 月新修订的《中华人民共和国防震减灾法》正式施行，特别增加了关于农居抗震的相关制度；2010年印发了《国务院关于进一步加强防震减灾工作的意见》，明确提出全面加强农村防震保安工作。各地党委、政府高度重视，从经济社会发展和震情、灾情实际出发，结合社会主义新农村建设、因灾重建工程、生态移民等工作，印发了一系列关于加强地震安全农居工作的文件，落实组织领导机构、工作责任制和工作措施、细化工作程序、具体内容和要求，明确干什么、怎么干等一系列问题，初步形成了政府主导，地震部门、建设（规划）部门统筹协调，其他有关部门积极参与，省级指导、市县实施的工作机制。

有的省市还印发了多个部门合作推进工作的文件，有的省市连续多年把农居工作作为政府办实事的内容，有的省份在制定地方防震减灾条例时专门增加了实施农居工程的内容。由于各地安排周密，措施得力，农居工程进展显著。

（2）精心安排，全面了解基础情况

开展调查，摸清底数，是搞好农村民居地震安全工程的基础。山西等许多省份在这方面进行了细致的工作。它们根据农村民房主要建筑结构类型的发展变化情况，采取抽样调查的方法，对农村房屋类型进行调查、归类、建立数据库。有的省市针对重点监视防御区农村民居抗震性能开展普查工作；有的省市通过发放调查表的方式，对农居情况进行了详细调查。这些深入实际的调查摸底工作，为政府全盘掌握实际情况，制定工程规划、明确工作任务和制定技术方案以及科学决策等，打下了坚实的基础。

（3）统筹规划，因地制宜推进工作

随着工作的深入开展，各省、自治区、直辖市基本上都做到了把农居工程纳入"十一五"规划和"十二五"规划，明确了近期、中期和远期任务及目标，提出了政策措施和工作保障机制。很多地级市也根据省级规划并结合当地国民经济和社会发展专项规划，编制了市级农村民居地震安全工程建设规划，确定了从示范试点抓起，或进入全面实施阶段的工作要求和方案。

很多省市结合社会主义新农村工程，结合灾区重建、村镇改造、小城镇建设、移民搬迁、扶贫改造等其他工程，因地制宜、开拓思路，集中资金，推进示范试点工作，取得了较好的效果。

将农村民居地震安全工程纳入发展规划，使这项工作整体有了目标，也给地方各方面的支持提供了政策支撑，有力地促进了这项工作按计划稳步推进。

（4）科技引领，把抗震设防落到实处

各省市紧紧围绕民居建设过程中抗震设防要求的贯彻落实这个中心问题，明确提出，村庄建筑物和构筑物必须达到抗震设防要求。有的省份制定出台了《村民宅抗震加固改造实施方案》《农村危房改造建设管理和技术导则》《新农村建设规划导则》《农村民居建筑抗震技术导则》《农村住宅抗震技术图解》《农村民居防震保安工程示范村、示范户认定办法》等几十种制度和技术规范，针对不同承重体系以及结构体系，提出了结构材料要求、结构抗震构造措施和施工要点。有的省份还以国家抗震设防要求强制性标准《中国地震动参数区划图》编制原则为依据，编制了地方性大比例尺《抗震安全农居工程抗震设防要求地震动参数区划图》，为农居工程提供科学准确的抗震设防要求；围绕设计方案，编制了《村镇住宅方案设计图集》《村镇住宅抗震构造图集》《社会主义新农村住房图集》等几十种适应各地经济、社会、文化、民族特点的图集，为建设既各具特色、而又符合抗震要求的农村民居提供了保障。四川汶川等地震灾区在恢复重建中，也颁布了《恢复重建抗震设计规程》等地方标准。这些为农居工程质量提供了强有力的技术保障。

（5）正面引导，争取群众的参与

为了调动群众参与的积极性，各省市在编制抗震民居图集、工匠培训和便民服务方面开展了大量工作，基本上做到了有求必应，服务到家。有的省市围绕为什么建设安全农居、如何建造安全农居等基本问题，编制了《新农村住宅施工基础知识读本》《农村房屋建设指南》《农村民居建筑防震抗震知识》宣传挂图和宣传手册；有的省市组织摄制了农村民居建筑防震抗震知识宣传光盘，以声像教学的形式，全面生动地展示抗震知识、技术要求和示范工程的实际操作过程；结合"科技三下乡"、集市、庙会、地震知识宣传周等机会，采取图书、橱窗、板报、传单、标语、挂图、广播电视等各种群众喜闻乐见的方式，进行广泛宣传。

各省市还纷纷开展各种地震安全农居建设工匠和骨干培训班，培训不同层次人员；普遍对本地区活断层情况进行了研究整理，为新建、改建的地震安全农居和村镇一般建设工程提供活断层避让详细信息。

通过一系列活动，大力宣传实施农村民居地震安全工程的重要意义、政策措施和技术要点，让农民充分认识到地震的危害性和提高房屋抗震能力的重要性，逐步摆脱了一些不科学的房屋建设习惯，为推动农居地震安全工程起到了重要引导作用。

三、城乡防震减灾对策和基本措施

◇我国多年积累的防震减灾对策和经验

　　人类为了减轻地震灾害，制定了一系列对付地震的战略战术，以获取一定的社会经济效益，这就是地震对策。简而言之，就是对付地震的办法和措施，也就是地震来了怎么办。地震对策是研究减轻地震灾害，获取最大社会经济效益的最佳战略和战术，包括震前的预防、震时和震后的救灾、恢复重建工作及相关政策。虽然地震灾害不能完全避免，但只要制定科学合理的对策并予以实施，完全可以做到有效地减轻地震灾害损失。

　　2003 年 9 月 26 日，日本北海道附近近海发生 8 级强烈地震，几乎大半个日本都感到了这次地震产生的震动。从仪器记录到的数据可以看出，地震震中附近地面不但震动强度大，而且震动的主要周期集中在 1 秒左右，这个周期非常接近高层建筑物的自振周期，是非常危险的。但这次地震仅造成 1 人死亡，财产损失也很轻微。因此，这次地震是被媒体称为"大震级，小损失"的一次事件。与之形成鲜明对比的是，1973 年 6 月 17 日，也是在日本北海道附近近海发生了 7.4 级强烈地震，死亡多达数百人，并造成严重的财产损失。两次地震，位置几乎相同，而第二次地震比第一次还大，为什么损失比第一次要小得多呢？这是因为，从 1973 ~ 2003 年之间，工程抗震设计、建筑材料和施工技术都有了巨大的进步，降低了北海道建筑物易损性；30 年间，地震知识的宣传和普及，提高了北海道居民和政府对地震灾害的预防意识，他们在灾害到来之前，做好了各种预防准备。这是应用科学技术成果在灾害预防上的成功的例子。

　　国外的防震减灾工作开展的较早，地震工程对策和社会对策较多。因此，国外的地震灾害损失得以较大程度的减轻，尤其是日本和美国这两个多震的发达国家。而我国起步较晚，主要是借鉴国外的先进的地震工程对策和社会经验，逐渐积累了起我国特有的防震减灾对策与经验，使得现有的防震减灾能力大大提高。

总结我国和世界各国应对地震灾害和震后恢复重建的工程与社会对策和经验，主要包括如下几个方面的内容：

（1）提高地震预测、预警的科学准确性

世界各国对"地震预测"的研究都处在小概率探索阶段，无法做到地震的准确预测，但是依然要加强地震预测的研究，采取多种手段不断提高预测准确性。尽管地震准确预测还无法实现，我们只能把目标转向地震发生后短短几秒到几十秒的时间内，

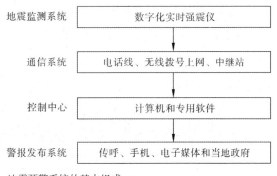

地震预警系统的基本组成

希望能够在这段时间内发生警告，力求把生命和财产损失减至最低，即地震预警。在当前的地震预警系统中，系统通过大地震发生之后，强破坏性地面运动到来之前的几秒到几十秒时间内发布预警信息，可以在很大程度上降低地震破坏造成的人员伤亡和财产损失。我国已经开展了地震预警系统研究，并应用到不同的领域。目前以积累了一些成功的经验，为今后的科学研究和减灾实践奠定了良好的基础。

（2）民众的防震减灾意识是减轻震害的首要条件

无数次地震灾害表明，防震减灾意识的强弱对震害程度具有决定性影响。民众防震减灾意识强，灾害损失就可能较小；反之则地震灾害必然加重。美国洛杉矶市在1994年圣费尔南多6.6级地震发生时，由于全面改善了建筑物的抗震设计，对老旧建筑进行了加固改造，并不断提高公众对地震的忧患意识，因此，建筑物震害较轻。而在此前的1989年旧金山6.9级地震中，由于防震意识懈怠、建筑物的抗震设防烈度过低、建筑施工质量低劣和缺乏抗震宣传和教育，致使大震面前人们惊慌失措。由此可见，民众的防震减灾意识非常重要。在我国，由于防震

减灾宣传活动普及程度有限，而且受到经济发展水平的影响，民众的防震减灾意识还有待加强。

（3）**建立相关法律体系是顺利开展防震减灾工作的重要保证**

世界各国对建立防灾减灾方面的相关法律体系都十分重视，特别是美国和日本都建立了比较完善的法律体系。美国分别颁布实施了《灾害救济法》《地震灾害减轻法》和《美国联邦政府应急反应计划》，连同《联邦政府对灾害性地震的反应计划》《国家减轻地震灾害法》和《联邦和联邦资助或管理的新建筑物的地震安全》实施令，共同形成了较为完善的减轻地震灾害法律法规体系。日本的地震法律体系也比较完备，包括基本法和一般法两种，涵盖了灾害预防、灾害应急对策以及震后恢复等领域，将防震减灾和灾后重建过程全部纳入法制轨道，并在实施过程中对各项法律不断进行修订和完善。

我国自 1998 年起实施《中国人民共和国防震减灾法》，并于 2008 年重新修订，为防御和减轻地震灾害，保护人民生命和财产安全，促进经济社会的可持续发展提供了法律依据。另外，还颁布了《地震监测设施和地震观测环境保护条例》《破坏性地震应急条例》《地震预报管理条例》《地震安全性评价管理条例》等一系列配套法律法规，为实现我国防震减灾事业的法制化管理奠定了坚实基础。

（4）**建立完善的防震减灾体系是降低灾害损失的重要一环**

美国主要抗震思路是"防"，并不断完善以"工程抗震—防震减灾科学研究—地震监测—提高社会防震减灾意识"四位一体的防震减灾体系。日本则建立起防震减灾和重建的责任体制，组织和协调不同部门的防震减灾工作，建立防震减灾计划体系，制定相应计划，在各层次落实防震减灾的重大措施。

目前，我国的城市地区的防震减灾体系已经较为完善，使得地震区城市的综合防震减灾能力得到较大水平的提高。但是，仅依靠城市自身的力量是难以胜任防震减灾重任的。以往的震害表明，广大农村的防震减灾工作非常不完善，因此，必须尽快建立城乡相结合的以村镇为基础、以城市为重点的地震防灾体系，并要符合当地实际情况，加强防震减灾工作。这对于保障国民经济的顺利发展和人民的生命安全，减少地震灾害损失，具有极为重大的意义。

（5）提高自救互救能力，实施高效、有序的应急救援措施

减轻地震灾害是防震减灾工作的中心目标。突发性地震灾害，从开始到结束往往只有几秒到几十秒时间，能否在有限的时间内开展自救互救和应急救援活动，直接关系到地震灾害损失的大小。

日本全国经过多次地震的教训，对地震时的自救互救和应急救援有了深刻的认识，各级政府通过各种方式宣传自救呼救知识和方法，教育市民开展自救互救，并在震后第一时间开展应急救援工作。而美国多年来始终重视对公众进行地震知识教育，提高了他们在地震灾害中自我保护的能力，并成立地震应急救援队，参与国内和国际的地震救援工作。在这些发达国家，城市社区建设成熟，服务完善，在地震应急救援工作中有着举足轻重的作用。

我国在总结历次地震应急救灾经验的基础上，参考发达国家地震应急救灾的经验和做法组建了地震应急救援队，这只队伍在破坏性强震救援中发挥了很大的作用。目前，很多省市都已经建立起了专业化高素质的应急救援队伍。这将是实现地震应急救灾高效有序的强有力保障。相对于发达国家，我国城市社区建设刚刚起步，因此在城市社区建设中必须加强社区地震应急自救能力建设，进而提高全社会的地震应急救助水平，进行有效的地震应急自救互救知识和技能的培训，也将有利于提高地震应急救援的有效性。

（6）研究分析建筑物震害状况，有效提高其抗震能力

根据不同的震害状况，采取相应的抗震能力的技术措施，是提高震害防御能力最有效的手段之一。研究分析生命线系统的震害，也能有效提高其抗震能力。震后生命线工程的震害主要表现在：高架公路的破坏、桥梁的破坏、煤气管网破坏、供水管网破坏和地下结构物破坏。美国和日本等国家的情况表明：每次大地震后，交通生命线系统在抗震设防水准、地震作用、地震反应计算分析方法、延性设计和抗震设计方法等方面不断进行补充，并相互借鉴。根据不同的生命线工程的受灾特点，采取必要措施改善结构的抗震能力，从而能减轻地震灾害。

我国的很多经验和对策都是借鉴了发达国家的经验和对策，根据我国特有的现状，投入较大人力、物力、财力，促进我国防震减灾水平的不断发展，逐渐与国际接轨。

◇中国防震减灾战略的思考和实施途径

城市是所在地区的政治、经济、文化、交通的中心，人口密集、财富集中、建筑物密，地震会造成严重的人员伤亡和经济损失。因此，防震减灾的重点在城市。

为了提高城市的综合防震减灾能力，减轻地震灾害，我国颁布了《中华人民共和国防震减灾法》《中华人民共和国城市规划法》和《城市抗震减灾规划管理规定》，提出了"预防为主，防、抗、避、救相结合"的方针。2004年，中国地震局提出了防震减灾工作的指导方针，即："坚持防震减灾同经济建设一起抓，实行以预防为主，防御与救助相结合的方针。切实加强地震监测预报、震害防御、应急救援三大工作体系建设，进一步完善地震灾害管理机制。"这些都为现代城市防震减灾工作提供了法律及政策保证。

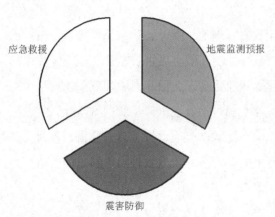

应急救援　地震监测预报　震害防御

防震减灾三大工作体系

为了做好现代城市的防震减灾工作，应从如下几个方面来努力：

（1）因地制宜地编制城市防震减灾规划，采取切实可行的防震减灾措施

防灾规划是搞好防灾建设和管理的前提和依据，其作用是部署全局，指导实施，从而使防灾的各项工作能符合客观实际，明确防灾的发展方向、总体布置、防御级别和标准，以及主要处理措施。城市防震减灾规划应设有防灾预兆及预报技术研究；防灾风险分析；防灾、抗灾、救灾对策专家系统；居民避险生存保障系统。

防震减灾措施主要包括：城市抗震设防标准、建设用地安全性评价与要求等。防震减灾措施必须列为城市总体规划的强制性内容，作为编制城市详细规划的依

据；充分考虑市、区级避震疏散通道及避震疏散场地和避难中心的设置，特别是一些人员高度密集区及大型社区、大型住宅小区尤为重要，同时要有人员紧急疏散的具体措施；城市基础设施的规划建设要有科学性，对生命线系统及消防、供油系统、医疗等重要设施的规划布局要合理。对一些盲目规划、建设不合理的项目，应采取积极措施予以调整与补充；对地震可能引起的火灾、水灾、爆炸、放射性辐射、有毒物质扩散等次生灾害，要有足够的防范对策；对重要建（构）筑物、超高建（构）筑物、人员密集的教育、文化、体育等设施布局、间距和外部通道，要有明确、细致的要求；对现有城市的不合理布局，应采取积极措施，予以纠正。

（2）**全面提高城市地区的工程结构和生命线工程的抗震性能**

城市建筑的工程结构主要分为多层混合结构、单层混凝土厂房结构、混凝土框架结构、钢结构、隔震与消能减震结构和高耸结构等。相应的新建工程，要严格执行抗震设防和《建筑抗震设计规范》要求；对危、旧房屋及工程设施，要按照《建筑抗震鉴定标准》和《建筑抗震加固技术规程》的要求，进行全面系统的抗震鉴定与加固；鼓励基础隔震及消能减震等新技术在城市重要建设工程中的应用，以提高工程结构抗震安全性。

生命线工程也是城市地区安全和防灾的重要内容。城市交通、通讯、给排水、燃气、电力、热力等系统，称为生命线工程。当地震发生后，这些系统若出现问题，整个城市将会出现混乱或瘫痪。按城市防震减灾规划要求，地震时，一般生命线系统工作要基本正常。因此，生命线系统的建设要避开发震断裂带及危险地段，同时要提高抗震设防等级标准。

（3）**加强地震监测台网建设，努力提高地震预报水平**

地震监测预报是防震减灾的基础。较为准确的短临预报可以减少人员伤亡和财产损失。要针对城市的实际和特点，建立和完善适应城市环境的地震监测台网，加大台网密度，提高监测台网的监控能力。

（4）**加强城市地震背景研究、震害预测和抗震设防工作**

开展城市基础地震地质探测工作，可以查明城市地下有无地震活动断层及软土地基、砂土液化分布等潜在的隐患，并用于指导城市规划和建设，以保障城市的可持续发展。同时，要把震害预测当作城市抗震减灾对策规划的一项重要基础工作，开展地震危险性、建筑物震害易损性分析，人员伤亡、经济损失预测，做好城市基础探测工作，并根据城市的发展变化，对震害预测实现动态跟踪管理，为各级政府和有关职能部门高效、有序地实施抗震救灾提供科学依据。

（5）加强地震应急组织管理，制订地震应急预案

地震应急工作在防震减灾工作中占有重要地位。制订相应的地震应急预案（包括破坏性地震应急预案和强烈有感地震应急预案），是做好防震减灾工作的一个重要环节。破坏性地震应急预案是在"以预防为主"的工作方针指导下，事先制定的为政府和社会在破坏性地震突然发生后采取紧急防灾和抢险救灾的行动规划。加强地震应急组织管理，制订科学的地震应急预案是防震减灾工作的一个重要环节。

（6）加强地震应急、救助技术和装备的研究开发工作

地震发生后，拯救生命是我们义不容辞的责任。然而，面对破坏性地震所造成的现代建筑的废墟，如果没有先进的应急救助技术和装备，将大大延缓抢救被压埋人员的进程，必然造成伤亡人数的增加。因此，加强地震应急、救助技术和装备的研究开发工作是减少地震灾害损失的一种重要手段。

（7）加强城市防震减灾宣传教育，提高市民的防震减灾意识

针对大城市人口分布集中，建立和完善防震减灾宣传教育网络，按照"主动、慎重、科学、有效"的原则，重点加大对社区地震知识、防震避险、自救互救知识和技能方面的宣传力度，是提高人们对地震心理承受能力和鉴别地震谣言的能力，尽可能地把地震灾害损失减小到最低程度的有效手段。

◇构建我国城市灾害管理体系的主要任务

城市灾害事件，通常使城市居民面临极大危险，导致国家或地方部分地区进入紧急状态，使政府面临管理危机。因此，保护城市人民生命财产安全，加强城市政府危机管理职能，就是摆在城市政府面前的一项首要任务。

目前，城市化过程聚集了财富，但也聚集了风险；一旦某系统因灾失灵，易

导致城市大面积瘫痪，使灾害打击在有限区域内造成巨大损失，对人民生命和国家财产构成严重威胁。我国城市发展已进入快速增长期，可以预想，城市遭受灾害潜在威胁的形势已十分严峻。

美国拥有目前世界最发达的城市灾害应急管理体系，由 27 个政府部门组成了联邦反应计划和响应计划。其评价内容包括灾害识别与防御、培训与演练等 17 个方面、56 个要素、1040 个指标，构成了政府、企业、社区、家庭联动的灾害应急能力系统，这为我们提供了有益借鉴。

相比之下，我国城市灾害应急管理存在诸多的问题，与我国目前城市灾害应急管理模式、管理机制、责任体系、法律法规、应急预案、应急管理信息系统等的不完备性有密切的关系。同时，城市灾害的发生——比如汶川大地震等，往往对居民的生命及财产安全带来巨大的损失。为了真正落实政府执政为民的宗旨，最大程度的减少灾害给人民带来的灾难，构建适合我国国情的科学的城市灾害管理体系是非常重要的。

几年前，有学者在这方面进行了探索研究，并提出了一些建议和设想（目前，很多建议都已得到采纳和实施）：

（1）**组建国家级的城市灾害管理委员会**

组建国家级的城市灾害管理委员会，研究制订综合性的灾害管理战略和专项灾害管理的战术性预案。各省、市应设立相应机构，制订相应的应急预案，形成一个联系紧密、反应迅捷、高度协调的全天候联动整体，避免因各自为政、分割管理、资源分散配置所导致的高投入、低效率的弊端，为城市灾害管理提供良好的体制保证。

（2）**加快统一的紧急状态法立法进度**

经过多年实践和探索，我国陆续出台了一些应对紧急状态已有的相关法律，如《中华人民共和国戒严法》《国防法》《防震减灾法》《防洪法》《传染病防治法》等。这些法律都只能适用于一种紧急状态，这已经不能满足现代化城市管理的需要。因此，在《中华人民共和国宪法修正案》中明确建立统一的紧急状态法的基础上，构筑完整而严备的法律体系，为城市灾害管理以及全国灾害危机管理提供法律保证是非常必要的。（2007 年 8 月 30 日，第十届全国人民代表大会常务委员会第二十九次会议通过了《中华人民共和国突发事件应对法》，自2007年11月1日起施行。）

（3）明确政府部门对灾害管理应负的法律责任

在为管理紧急状态而立法的基础上，参考国际惯例，应尽快研究制定或修改有关法律、法规，明确政府部门在灾害管理上的法律责任，并建立健全政府灾害管理工作问责制。督促政府部门及工作人员明确认识在灾害管理失职情况下应当承担的赔偿责任和刑事责任，为城市灾害管理提供制度保证。

（4）加快建立城市灾害管理能力评价体系

加快建立城市灾害管理能力评价体系，就是把对政府灾害管理能力的评价列为各级政府绩效考核的重要内容，纳入人大、政协的监督范畴。由"灾害行为反应状况评价""灾害社会控制效能评价""灾害紧急救援能力评价"等指标，构成科学评价城市灾害管理能力的综合指标体系和操作系统。根据国情、省情、市情，实施城市灾害管理能力评价工程，为城市灾害管理提供科学的基础。

（5）加强城市灾害管理的专业与普及教育

设立城市灾害管理的专门教育机构，提供专业训练，培养专业人才。选择条件适当的院校，开设灾害管理专业，加紧创办灾害管理学院。做好全民性的危机应对常识教育和常规演练，提高群众应对灾变的心理素质和实际能力，为城市灾害管理提供专业人力资源和群众基础。

（6）构造"预防为主"的城市灾害管理上游机制

应对各种城市灾害，要采取预防为主、防治结合、综合治理的原则，将预防工作纳入城市发展战略与规划，渗透在教育、科研、监测、预警、媒体、社区等相关领域，创造良好人居环境，消除隐患于未然，降低救灾成本，实现灾害管理从被动应付型向主动预防型的转变。

（7）构造"政府为首"的城市灾害管理指挥协调机制

确定全社会统一、家喻户晓的灾害报警、接警处置的唯一电话号码。建立与城市社会经济发展相适应的灾害综合防治体系，构筑多层次的城市灾害应急联动体系，建造应急物流中心，制定灾害反应计划，充分发挥政府在灾前、灾中、灾后管理中众望所归的主导作用。

（8）构造"动员为先"的城市灾害管理的社会动员机制

借鉴国外成功经验，建立中央政府和各级地方政府的社会动员机制和联动的紧急状态响应计划，科学定位不同政府部门灾害响应和实施管理的分工与合作职责、任务，确保在灾害发生的第一时间形成全体动员，并使其运行规范、有序、高效，以利降低政府灾害管理工作的成本，提高效能。

（9）构造"志愿为伍"的城市灾害管理基层人力资源聚合机制

按照形成组织、建立网络、落实责任，信用考核的原则，在机关、企业、学校、社区等地建立广泛的灾害响应志愿者队伍，作为城市灾害管理所必须的基层工作人力资源，并进行专业培训。形成抵御减少灾害损失的一支重要力量，奠定社会公众在城市灾害管理中的主体地位，增进社会凝聚力。

（10）构造"社区为根"的城市灾害管理基层网络

灾害社会学家在研究中发现，家庭、邻里、社区的人际关系网络在灾害中会发生多方面令人难以想象的作用，可大大减轻人们的灾中实际损失和灾后心理创伤。在国家综合性的灾害管理战略指导下，因地制宜，构筑起邻里守望相助、社区常备不懈的基层防控网络是非常重要的。灾害管理工作在社区大有作为，大中城市应着力加强社区建设，从根本上动用全社会的力量，形成防灾减灾的强大合力。

◇我国乡镇防震减灾工作基本对策

防震减灾事关人民生命财产安全，事关经济发展和社会稳定，对于防震减灾工作，不管是城市还是乡村，都不能有丝毫的松懈和淡漠意识。对于地震灾害的发生，人们往往这样慨叹：太突然、强度太大、破坏力太强烈、令人猝不及防……虽然目前人类还无力阻止地震的发生。然而，我们在灾害面前也并非无能为力、无所作为，通过实施积极的举措，提高全社会防御地震灾害能力，可以争取最大限度地降低震灾损失。

我国的乡镇建筑受所处自然环境条件及传统文化、风俗习惯的影响，带有强烈的地方色彩；结构型式和建筑材料是因地制宜和就地取用；一般建筑特别是住房都没经过正规的设计及施工，对于抗震性能也没进行认真考虑。

建国以来，在部分地震区实施乡镇建设抗震措施的经验表明，乡镇建设有无抗震措施，结果大不一样。1966年邢台地震造成严重人员伤亡和房屋倒坍。震后采取村村按抗震要求统一规划及改土房为砖房等抗震措施，1981年11月在原地再次发生近6级的地震，几乎没有房屋倒塌，没有造成人员死亡。与此相反，江苏省溧阳县在1974年地震之后的重建中没有采取抗震措施，1979年又在原地发震，结果，房屋倒塌数量比1974年多四倍。

多次震害经验说明，地震时在乡镇造成大量人员伤亡的主要根源，在于这些布局、构造不合理，未考虑抗震基本要求，建造质量低劣的房屋大量破坏倒毁。因此，本着减轻灾害的目标，同时考虑到国力有限的实情，尽量在不增加或少增加投资的情况下，提高乡、镇住房的抗震性是当前乡镇抗震对策的重点所在。

当前我国乡镇抗震对策的规划目标是：当遭遇相当基本烈度的地震时，乡镇要害系统不致破坏，人民生活能得到基本保障。乡镇建设抗震设防标准是：在地震基本烈度达Ⅵ度以上的乡镇地区，应采取措施，考虑对策。在受到设防烈度的影响时，房屋不致严重破坏，经一般修理仍可继续使用；而在较大地震时，房屋不致倒毁伤人。

从发展观点看，乡镇抗震所考虑的深度和广度，应向城市抗震防灾水平靠拢。为了做好乡镇的防震减灾工作，尤其是抗震设防工作，应努力做好如下几个方面的工作：

（1）进行乡镇地震危险性评定

由于地震地质、地震活动性研究存在地域上的很大的不均衡，使得《中国地震动参数区划图》只能提供一个地区平均意义下的结果。进行乡镇地震危险性评定，尤其是在规划新建小区时，才能获得更精确合理、经济可靠的抗震设防依据。而只有按照这样的依据进行抗震设防，才能够做到科学、合理，既不盲目提高设防水准而增加投资，也不会因为设防不合理而为工程留下隐患。

（2）进行乡镇地震小区划

通过地震小区划工作，对乡镇某一特定区域范围内地震安全环境进行划分，预测这一范围内可能遭遇到的地震影响分布，给出乡镇不同区域内给定值的年超过概率的地震动工程参数的分布，为乡镇、厂矿企业等土地利用规划的制定提供了基础资料，也为工程震害的预测和预防、救灾措施的制定提供基础资料。

（3）科学选址，进行有效的土地利用规划

场地的选择是建筑抗震设计成功的第一步，从选址工作开始就应该选择对抗震有利的地段，尽量避开不利的地段，避不开时应采取有效措施确保地基的稳定性。在任何情况下，都不应考虑在抗震危险地段建造建筑物。

农村建设应避开不稳定山坡、陡崖、古河道污填或流砂、陷坑等不利地区或地段。

（4）加强乡镇建筑抗震设防的指导和监管

进行乡、镇居民工程抗震和减轻乡镇地震灾害的宣传和教育。

有关部门应综合乡、镇群体建筑物的特点和当地建筑材料，设计一批符合各种抗震设防标准要求规格化的乡、镇建筑。

制订乡镇工程抗震设计规范和施工规程，通过广泛宣传和政策引导，指导乡镇居民按抗震设防标准进行抗震设计和建造。

（5）规划和建造地震避难的场所

按地震小区划给出的地震动工程参数，降低乡、镇易损性组成部分，并考虑设置有足够抗震能力的可用于地震避难的场所。

（6）谨防地震次生灾害的影响

制定乡、镇生命线工程抗震设计规范，尽量做到生命线工程抗震化。

易燃、易爆和有毒气体工厂，应远离乡、镇居民点。制定有毒物品、危险物品的安全化具体措施。

山区农村在规划和建设的时候，要谨防震后发生地质灾害，如山体滑坡、泥石流等；如果山体滑坡后可能形成堰塞湖，还要注意预防发生水灾的危险。

◇综合实施各种非工程减灾措施

地震灾害预防包括工程性防御措施和非工程性防御措施。工程性防御措施，主要是指在国土地震区划和工程建设的地震安全性评价的基础上，按抗震设防要求进行的抗震设防，包括对新建工程和设施进行的抗震设计和施工，以及对已有建筑物、构筑物的抗震加固；非工程性防御措施，主要是指各级人民政府以及有关社会组织采取的工程性防御措施之外的依法减灾活动，包括建立健全防震减灾工作体系，制定防震减灾规划和计划，开展防震减灾宣传、教育、培训、演习、科研工作以及推行地震灾害保险，救灾资金和物资储备等工作。做好地震灾害预防工作，对增强全社会的防震减灾意识和提高抗御地震灾害的能力，有着极其重要的意义。

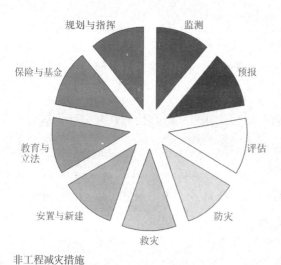

非工程减灾措施

包括地震灾害在内的各种自然灾害都不是孤立的，单靠某一种减灾措施是无法解决我国日益严重的灾害问题的，特别是巨灾。要想做好减灾工作，必须强调由单项减灾走向综合减灾，由工程减灾走向工程减灾与非工程减灾相结合，建立全国统一的减灾系统工程。其中，非工程减灾的各种措施，包括监测、预报、评估、防灾、救灾、安置与新建、教育与立法、保险与基金、规划与指挥，都可以作为减灾系统工程的一部分统筹考虑、综合实施。

（1）监测

监测就是监视成灾预兆，测量变异参数，及灾后对灾情进行监视和评估等。对自然灾害的监测，是减灾的先导性措施。通过对自然灾害的监测提供数据和信息，从而进行示警和预报。灾害监测的作用和任务是相当明确的，也是抗灾、减灾工作所必不可少的一个重要环节。

近几十年来，我国已建成包括地震灾害在内的7大类自然灾害的单项监测网络，这些监测网一般由国家综合台站、区域监测台站和各地方台站等几级组成。目前的监测系统网主要处于单项发展，以通信手段为主的现状。各监测系统的发展极为不平衡，这在一定程度上影响了灾害监测工作的进一步发展。由于各种自然灾害之间有着有机的联系，今后的灾害监测系统的建设，应该是在继续完善各单类监测系统的基础上，逐步向全国性的综合监测网方向发展。

（2）预报

预报分为长期、中期和短期预报及临灾预报，它是减灾工作的前期准备和各级减灾行动的科学依据。对预报工作，目前主要是强调灾害的群发性及链发性，突出研究灾害的综合特点。在对综合自然系统的变异进行深入研究的基础上，加强对各类单项自然灾害的预报工作，并逐步向系统性、综合性的预报方向发展。在我国，虽然各单项灾害预报都有一定的经验和理论基础，但总的预报水平却极不均衡。如，地震灾害的预报成功率仅为百分之几，而在短期天气预报方面则可达 70% 以上。为了提高对自然灾害的监测、预报能力，不仅要改进数据分析方法，还要大力引进先进的监测预报系统及手段。

（3）评估

对灾害的评估是指在灾害发生的全过程中，对灾害的自然特点及其对社会的损害程度作出的估计和判断。具体地说，评估又可分为：灾前预评估、灾时跟踪评估和灾后灾情评估。对灾害进行评估是衡量减灾效益的主要手段。灾前评估的正确与否，对于研究灾害来临时的防范措施、抗灾救灾对策是必不可少的；灾时及时准确的评估，是现场领导进行抗灾决策的主要依据之一（如炸坝、移民、疏散等工作均需灾时评估作为依据）；灾后灾情评估，对于救灾工作的开展，对于救灾人力、物力的筹集与调动也是必不可少的。灾害评估工作的重要性使得我们不得不下大力气去研究它的工作方法及各种实际问题和理论问题。目前，我国在灾害评估方面，尚缺乏一个科学的数据系统，尤其缺乏全国统一的评估标准和方法。

（4）防灾

这里所说的防灾，是指减灾的非工程性措施，比如，人员和可动产的减灾措施和灾时行动计划等。具体来说，如，大工厂的计算机系统、生产自动化流水线，国家文物的防灾措施等，均属于防灾的范畴。在灾害预报和预警的前提下，在灾害发生之前，有效地转移和保护各种可动产及人员，也是防灾的一项重要措施。我国是一个灾情较为严重的国家，每年因此而造成了巨大的经济损失，影响了经济持续高速地发展。所以，使各级政府和全国人民认识到这一点，动员全社会都来关心和参与减灾活动，积极行动起来，在平时作好防灾的一切准备工作，这样一旦灾害来临时，就会有所防范，进而减少财产损失。

（5）救灾

救灾是指灾害发生时，对人民生命财产的急救，对次生灾情的抢险。救灾是一项极为复杂的、社会性的、半军事化的紧急行为。从抢救到医学，从生活秩序到社会秩序，从技术到工程，从决策到指挥，组成了一个完整的救灾系统。根据灾害预测预报意见和灾害区划，需要有组织地采取针对性的综合措施，最大限度地减少灾害损失，以利于灾后重建工作的顺利开展。目前，主要应加强研究救灾的技术手段，增加救灾设备，建立应急性的通信网络系统和交通运输系统。

（6）灾后安置与重建

每当大灾发生后，尽快安置灾民，解决他们的生活困难就成为一个社会最为紧要的问题。由于我国经济发展还较为落后，各种医疗、住房体制尚未完善，因而缺乏这方面综合的管理体制。为了预患于未然，我国正在逐渐加大力度，组织力量进行各种类型城市、工矿企业的减灾预演工作，目的是为了在灾害来临时，妥善做好各种救灾工作，特别是灾民的生活安置工作。

灾后重建，包括迅速恢复社会生活秩序和恢复经济生产，破旧立新，重建家园，这是减灾工作最具体的表现。一次大灾过后，各种建筑设施的破坏，工矿企业的停产，金融贸易的停滞，家庭结构的破坏等，都会引起巨大的衍生损失。因此，为了尽快安置灾民，恢复生产，就必须强调灾后重建工作的极端重要性。

（7）教育与立法

教育是一个国家的立国之本，是各项工作的基础，同样也是提高人民防灾减灾意识和能力，进而减轻自然灾害的重要手段。对居民的国情教育也应包含灾情教育。防灾减灾的常识教育，要从儿童和学生做起，认真充实减灾知识，这是目前防灾工作中所面临的一项最为紧迫的任务。要使人们平时就有灾情思想，只有这样，在灾害来临时，才能镇定自若，全身心投入到抗灾救灾活动中去。

灾害立法是最终保障防灾减灾体制顺利建立和发展的根本出路。为了保证各项减灾措施的实施，节制人类盲目地开发和非科学活动，惩治对减灾工程和减灾工作的破坏行为，必须制定法规，以法减灾。建立减灾各个环节的法规，进行全民族减灾法制教育，建立减灾立法的执行与监督机构，是需要立即开展的工作。只有通过有关法律、法规的颁布，才能从根本上建立起全国统一的防灾体制，明确各级政府的职责，使人们在减灾活动中，有法可依，依法行事。

（8）保险与基金

抗灾、救灾，安置灾民，重建生产，需要大量的资金和人力物力。在我国目前经济尚不富裕的情况下，适当应用保险与基金的策略无疑是一条可行之路。这样，就可以动员全社会力量，集中一切可以集中的人力物力，投入到抗灾、救灾工作中去。

过去几年的实践证明，保险工作在重建灾区安置灾民生活中发挥了巨大的作用，大量保险款项的投入，极大地加速了灾区的经济重建。目前，我国的灾害保险业务尚处于摸索阶段，但国内外已有的事实说明它是减轻自然灾害的一项重要措施。

基金是指政府和社会筹集的专门用于灾后灾民生活救济的款项。国际经验表明，专项救灾基金的发放，对于灾区重建，人民生活安置所起的作用绝不亚于保险。因而，随着经济的发展，国家和社会团体及个人收入的增加，适时增设抗灾、救灾基金是十分必要的。

（9）规划与指挥

减灾工作应作为经济建设的一项重要措施，纳入国民经济和社会发展的总体规划。保持经济的正向发展和减少负向效应，是国民经济建设的一个重要方面，是缺一不可的。自然灾害的发生，既有自然因素，也有人为因素。减轻自然灾害主要手段，是在顺乎自然规律的前提下，发挥人类的作用，运用技术、经济、法律、行政、教育等手段削弱、消灭或回避灾害源；削弱、限制或输导灾害体；保护或转移受灾载体。这些目标的实现，需要全社会协调行动，需要由某些行政部门进行科学规划与管理。

为了有效地调动全社会力量进行减灾活动，中央及省、市政府应建立健全减灾组织，建立减轻自然灾害的指挥决策系统，加强灾情联防、联抗工作。

重大灾害的预防和进入抗灾、救灾阶段都要有一个统一协调、强有力的指挥系统，它也是单项和综合减灾预案的平时和灾时的执行系统，这样，在关键的时候才能充分发挥作用。

◇建设地震安全社区是提高防震减灾能力的重要途径

社区是在一定地域内发生各种社会关系和社会活动，有特定的生活方式，并具有成员归属感的人群所组成的一个相对独立的社会实体。

社区功能包括生产、流通、消费、生活服务、社会教育、社会控制、福利保障、参与社会事务等。大型社区还往往聚集为商业区、文化区、政治区、工业区、开发区等。

社区是社会的细胞，是社会构成的重要组成部分，社区安全是社会稳定和谐的基石。随着经济社会的不断发展，城市化进程不断加快，流动人口迅速增多，城市人口更加密集，社区安全工作在社会建设和发展中的地位日渐凸显。而地震安全社区建设是社区安全的一个重要方面，是地震部门服务社会的一项重要内容。

2008 年 5 月 12 日，汶川发生 8.0 级大震，牵动我们亿万中国人民的心，更为我们敲响了生命安全的警钟。随后的 2010 年 4 月 13 日，青海玉树发生 7.1 级地震；2011 年 3 月 11 日，日本发生 9.0 级地震。这些发生在我们周边的 7 级以上大地震警示我们，采取有效措施更好地抗御地震灾害的重要性和迫切性。

"以政府为主导、部门支持、街道实施、整体规划、资源共享、长效运作、全员参与"为具体工作思路，建设地震安全社区，是加强社区防震减灾综合能力，强化震后自救互救能力，坚持以人为本，维护社区地震安全环境、服务民生的重要举措。

社区防震减灾，其本质就是使最基层的社会结构单元要具备"自救"和"互救"的基本防灾意识和技能。一旦城市发生地震灾害，往往导致道路、交通、通讯、水、电、煤气等中断。在这种严重危机情况下，受灾的社区如不具备基本的自救互救意识和能力，往往等不及外来救援，就会带来更加严重的次生灾害。因此，社区需要建立能独立运作的区域型防灾体系。

开展地震安全社区建设意义重大：一是可以带动全市宣传普及"防灾减灾，从社区做起"的社区安全理念，树立和弘扬地震灾害预防文化，逐步形成应对地震灾害的社区动员机制；二是地震安全社区建设能够使社区安全管理和应急管理的组织体系和工作机制、志愿者队伍进一步完善健全，社区抗御地震灾害的功能更加完备，使社区应对地震灾害及其他突发事件的能力显著增强；三是地震安全社区建设中宣传公众参与、公众收益的理念，既能丰富和提升社区的服务，也能增进社区的和谐。

在 2009 年初国务院防震减灾联席工作会议上，国家领导人做出了"要大力推进城市地震安全社区示范工作"的指示。2012 年，中国地震局也提出了开展地震安全（示范）社区建设的相关要求。

为了争创地震安全社区，街道和社区应该争取各级领导的支持，获得必要的工作经费支持和相应的条件保障，制定具体的计划和方案，按照建设地震安全社区的基本要求，有条不紊地开展防震减灾工作。

社区地震应急工作组织体系

根据防震减灾面临的新形势、新任务和新要求，不论是保障和改善民生，维护社会和谐，还是提升地震灾害综合防范应对能力，地震安全社区建设都是一项非常重要的基础性工作。

必须指出的是，建设地震安全社区的目的，并不是为了使某一社区在遭遇任何强度的地震时，不受任何损失；而是为了通过地震安全社区的建设，使该社区和以前相比，显著提高承受地震灾害的能力，面对强震，尽可能地减轻人员伤亡和财产损失。

◇做好社区防震减灾的基础工作

我国城市社区，一般是指居民委员会辖区。作为社会管理与建设的基础，社区是防灾减灾机制的基本单元。防震减灾工作中最重要的内容，就是充分考虑到人的生命安全。在这方面，充分发挥社区的组织作用，非常重要。

灾害发生时，往往导致道路中断等情况，社区常常等不及外来救援，而时间就是生命。社区要具备自救和自保的防灾功能，在灾后的第一时间，受灾者能够依靠自己的能力生存，并把居民转移到安全的地方去。这就要建立起相对独立运作的区域型防灾体系，包括设立社区紧急避难场所和医疗救护基地，有简单的应急物资储备，能够自己运作起来，以赢得黄金救命时刻，最大限度避免人员伤亡。

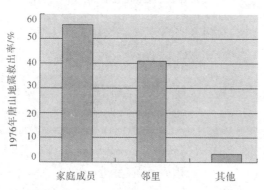

积极开展自救互救和应急救援活动，有效减轻灾害损失

"以政府为主导、部门支持、街道实施、整体规划、资源共享、长效运作、全员参与"为具体工作思路，建设地震安全社区，是加强社区防震减灾综合能力，强化震后自救互救能力，坚持以人为本，维护社区地震安全环境、服务民生的重要举措。

社区防震减灾，其本质就是使最基层的社会结构单元要具备"自救"和"互救"的基本防灾意识和技能。一旦城市发生地震灾害，往往导致道路、交通、通讯、水、电、煤气等中断。在这种严重危机情况下，受灾的社区如不具备基本的自救互救意识和能力，往往等不及外来救援就会带来更加严重的次生灾害。因此，社区需要建立能独立运作的区域型防灾体系。

为了做好社区的防震减灾工作，一定要做好如下几个方面的基础工作。

（1）社区要有合理的避险路线和避难场所

城市人口密度大，而社区作为人的居住聚集区域，其人口密度又是最大的。遇到像地震这样的自然灾害发生时，第一要解决好的是人员的紧急救助和疏散问题。

为了解决好这个问题，在城市规划和建设时，必须考虑地震发生时社区人群紧急疏散和避险的需要，预留通道和一定数量的绿地、广场和空地。并且要划定地震避难场所，设置明显标志，如平时和居民休闲的场所，紧急时可作为人群的疏散地。这些场所可以设置一些特殊设施，在紧急时才启用，如在绿地适当的地方预先设置排污管道，可以搭建临时厕所；设置搭建帐篷的空地与底脚平台等，以充分考虑到社区人群在露天生活若干天的需要。

（2）提高社区居民的自救和互救能力

多次抗震救灾事实表明，震后被压埋群众的抢救工作，绝大部分还是依靠群众的自救和互救完成的。1966年3月8日邢台地震时，452个村庄的90%以上房屋倒塌，有20.8万人被压埋在废墟中。震后，灾区群众广泛开展自救、互救工作，震后仅3个小时，就有20万人从废墟中被救出。无疑，广泛进行宣传、培训和抗震防灾演习，可使广大民众了解、掌握自救、互救的要求和技巧，这必将大大减少地震中的伤亡人数。

社区组织的一项内容是建立一支志愿者队伍，这些志愿者在震灾发生时，能发挥有效的自救与互救的作用。

在破坏性地震到来时，政府组织的救援活动总是滞后于居民的自救和互救的。大量救助生命的活动，在专业救援队到来之前就展开了，社区的服务组织和志愿者队伍在震后较短的时间内即可参与抢救，这样可以使许多人劫后逃生。社区中的居民，有责任和义务参加社区组织的各项救助组织或队伍。这应该在建设社区时作为要求和规定，向居民做宣传，使社区居民能够正确理解并积极支持。

（3）社区要考虑储备一些必备的救助工具和物资食品

社区的志愿者队伍组织起来后，要在居民区内配备必要的防灾、救护工具设备。如破拆工具设备、铁锹、担架、灭火器等救援工具；喇叭、对讲机等通讯设备；手电筒、应急灯等照明工具；常用药物和爆炸材料；帐篷等住宿设施等等。

这些设备或保存在社区内的机关、企事业单位，或在社区专门设立的地方保管，在出现紧急情况时供社区居民应急避险使用。救助工具的存放和管理，要方便社区救援队伍的使用；对于应急物资和食品的管理，要有一套科学实用的管理办法。

在条件允许情况下，最好与社区内的商店、超市等签订紧急征用应急物资协议。

（4）社区要经常组织防灾演练

这种演练是在地震、消防等专业部门和街道办事处的指导和组织下进行的，是所在街道和社区内各驻区单位参加的。

为了科学合理，取得实效，组织社区地震应急演练，要把握住一定的原则：

一是结合实际、合理定位。根据本社区的风险排查评估情况和应急管理工作实际，根据社区场地情况和参加人员情况，确定演练方式和规模。

二是着眼实战、讲求实效。从应对地震突发事件的实战需要出发，以提高应急指挥人员的指挥协调能力、应急队伍的实战能力为着眼点。作为防震减灾助理员，要重视对演练效果及组织工作的评估，总结推广好经验，及时整改存在问题。

三是精心组织、确保安全。精心策划演练内容，科学设计演练方案，周密组织演练活动，制订并严格遵守安全措施，确保参演人员及演练装备设施的安全。

四是统筹规划、厉行节约。最好统筹规划地震应急演练活动，适当开展跨社区、甚至跨街道、跨行业的综合性演练，一次活动能有多项收获，充分利用现有资源，提高应急演练效益。

◇重视防震教育，倡导减灾安全文化

"安全文化"的概念是切尔诺贝核电站泄漏事故后，最先由国际核安全咨询组（INSAG）于1986年提出的。

安全是从人身心需要的角度提出的，是针对人以及与人的身心直接或间接的相关事物而言。然而，安全不能被人直接感知，能被人直接感知的是危险、风险、事故、灾害、损失、伤害等。

安全文化就是安全理念、安全意识以及在其指导下的各项行为的总称，主要包括安全观念、行为安全、系统安全、工艺安全等。具体地说，安全文化是在人类生存、繁衍和发展的历程中，在从事生产、生活乃至实践的一切领域内，为保障人类身心安全（含健康）并使其能安全、舒适、高效地从事一切活动，预防、避免、控制和消除意外事故和灾害（自然的、人为的或天灾人祸的）；为建立起安全、可靠、和谐、协调的环境和匹配运行的安全体系；为使人类变得更加安全、康乐、长寿，使世界变得友爱、和平、繁荣而创造的安全物质财富和精神财富的总和。

倡导"地震安全文化"，就是通过广泛、深入、持久的安全宣传和教育，将民众培养成具有应对随时可能发生的破坏性地震所要求的安全情感、安全价值观和安全行为表现的人。在防灾教育方面，很多国家的经验值得我们借鉴。

位于亚洲东北部的日本，自古以来就是一个地震多发国家。一次次的地震灾难，使日本人逐渐形成了防震抗灾的意识和观念，特别是他们将科技手段运用其中，以保护生命和财产尽可能不受或少受震灾的伤害和损毁。他们十分注重和强调"用最先进的科学技术来抵御自然灾害"，将技术因素作为防震减灾的基础。早在一个多世纪以前，他们就建立了地震观测网，同时为了找出防震的最佳方法，日本建造了世界上最大的震动平台，利用实体建筑试验，找出建筑物最佳的抗震结构设计。为了确保防震措施和技术的科学化和专业化，日本还设有专门的防震设备研究机构和生产厂家，为防震减灾的基础事业打下了坚实的后盾。同时，他们认为人的作用也不容忽视。在日本，无论是成人还是孩童，都要接受经常性的防灾训练，他们将这种训练纳入了日常的工作和学习当中，内容既包括有关地震的知识，还包括在灾害发生后，应该怎样正确行动。在这种经常性和专业化的教育下，日本民众对地震灾害的"耐受度"不断地增强，在震害发生时，有效地减轻了灾害的损失程度。

日本的防灾教育几乎是终身的，在很大程度上可以说"没有死角"，学校、企业、政府机关等一般都要求有应对地震的自救教育与训练，而且以制度形式确定下来。即使居家生活，日本人也已经通过教育养成了一些非常良好的防震减灾习惯，家里的高柜子都会安装固定装置，书柜和衣柜一般在顶端都有将其固定在墙上的设施，绝对不在床头放重的东西……正是因为有了这些好的习惯，日本人在应对大地震的时候才能表现出普遍的冷静和秩序井然。

相比之下，当前我国的防灾教育还十分薄弱，存在很多问题。《人民日报》曾经联合人民网共同组织一次减灾问题问卷调查，调查结果不容乐观。在调查中，有37%的人从未接受过防灾、减灾教育，经常接受教育的只有4%。我国防灾、减灾的科普知识宣传不够，社会大众，特别是中小学的教师和学生都不同程度地缺少必要的避灾、自救和互救常识。比如，2005年11月26日，江西瑞昌与九江之间发生了5.7级地震，地震波及到了湖北省，导致湖北5县市受灾，造成1死81伤，其中81名伤者中78名是学生（其中多名学生受重伤），主要是在避震时因地震恐慌拥挤、踩踏造成的，不是因地震本身，这着实使人震惊。

目前，我国对于广大民众的公共安全教育仍处于较零散、低层次和不健全的水平。安全教育形式仍以单一宣传为主，虽然很多城市建立了公共安全教育基地，但数量、规模相对较小，作用发挥远不能满足现实需求。市民的安全意识整体较低，面对灾难的心理承受能力较弱，多数人都缺乏基本的安全常识和应对灾难的施救技能。

对于中国这样一个发展中国家和一个人口大国，确立以预防为主的防灾减灾工作方针，牢固树立预防意识尤为重要，其核心是倡导和普及预防文化。当前，进行防震减灾文化建设的主要工作，应立足如下几个方面：

（1）加大防震减灾宣传工作力度

深入挖掘和发挥科研院所、高校、出版、培训部门、宣教部门的文化功能。充分利用大众传媒尤其是新兴媒体，宣传科学减灾理念、全面预防观，展示防震减灾业务、服务、科研工作，展示防震减灾工作者的精神风貌，使社会各界了解、关心、支持和参与防震减灾事业发展。掌握当今社会大众传播的特点和规律，提高地震突发事件的媒体应对能力和舆论引导能力，及时主动满足公众的关注和知情需要。建立地震部门的形象标识系统，推进防震减灾题材的文艺创作，打造具有一定社会影响力的精品力作，形成防震减灾文化品牌。

（2）拓展防震减灾公共文化服务

增强公共服务意识，加强公共服务职能，挖掘地震科技潜力，丰富公共服务产品，扩大公共服务覆盖面，打造公共服务平台，建立惠及全民的公共服务体系。

加强公众防震减灾意识教育，提升公众减灾科学素质。整合力量，建设功能强大、资源丰富的防震减灾信息共享网络。继续推动防震减灾科普宣传进机关、进学校、进企业、进社区、进农村、进家庭，努力实现全面覆盖和家喻户晓。继续推动地震安全农居、安全校园、安全社区等建设，改善城乡设防现状。

（3）**推进防震减灾公共文化设施建设**

以国家加强公共文化基础设施建设为契机，积极主动将防震减灾文化融入文化馆、博物馆、图书馆、科技馆、青少年宫、村镇社区综合文化站（室）等公共文化服务设施，加强资源整合共建共享，发挥公共文化资源的优势作用。以应急避难场所、防震减灾示范点、地震纪念馆、地震应急救援训练基地、地震台站等为依托，建立健全防震减灾科普教育基地，普及地震灾害防御科学知识，培训抢险救灾、防震避震和自救互救等技能。提高地震文物、地震遗址保护利用水平。

（4）**开展对外文化交流活动**

通过讲学交流培训、合作研究、援外台站建设、国际救援、科学考察等途径，加强对外文化交流与合作，服务国家整体外交和国际人道主义事务，展示和传播中华文化特别是防震减灾文化，同时，学习发达国家在防震减灾工作方面的先进经验，扎实做好包括宣传在内的各项防震减灾工作。

◇引导城乡居民自觉学习掌握防震减灾知识

如何使绝大多数民众都能接受到防震减灾科普知识宣传，真正做到家喻户晓、老少皆知，是防震减灾宣传工作面临的一个难题，也是必须认真做好的一项重要工作。为了做好这项工作，应该考虑通过各种宣传手段，推动防震减灾知识和相关政策法规宣传走进社区、进家庭。

（1）**采取灵活多样的方式**

一是经常性地组织地震专业工作人员或社会志愿人员，深入城市社区和农村乡镇，充分发挥学校、厂矿、文化站、科技站、居委会、村委会等基层组织的作用，利用科普知识讲座、地方戏曲、文艺晚会、送发宣传材料等形式，把防震减灾科普知识送到千家万户。

二是抓好宣传栏的建设。在宣传手段日益多样化情况下，宣传栏这一传统形式由于点多面广，便于操作，能够遍布城镇街道、社区和农村乡镇、村，可以在防震减灾宣传工作中发挥重要作用。

社区宣传栏通常设置在各社区内主要活动场所、主要道路、人流集散地等处，方便群众浏览阅读，是建在社区居民家门口的宣传。

在宣传栏建设中，要注意因地制宜，宣传栏的设置形式应从实际财力出发，不求豪华漂亮，但求大方实用。宣传栏的内容既要通俗易懂，又要生动有趣，足以吸引普通民众的注意力。

还要注意加强宣传栏的管理和维护，及时更换宣传材料，保持整洁干净，维护良好的宣传形象。

有条件的街道、社区和乡镇、村，还可以通过 LED 等多种媒体，播放防震减灾安全常识。

三是充分利用网络阵地，扩大防震减灾宣传普及面。常规的宣传网络可以发

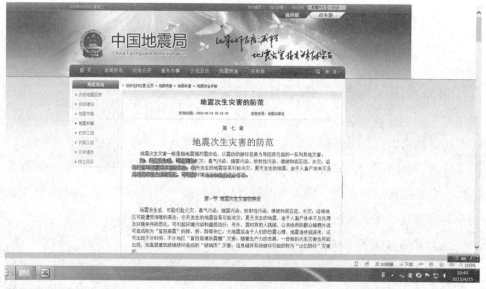

利用网络阵地宣传防震减灾知识

挥重要的作用。目前，从中国地震局、各大研究所到大部分市（区）县地震工作部门，都建立了地震科普网站。各级防震减灾部门，要利用各种机会和场合向民众广泛宣传这些网站，使这些网站在日常宣传中发挥重要的作用。

利用 QQ 群、小区论坛、博客、微博、微信等新媒体方式，也是进行宣传的可选手段。

四是利用短信平台开展防震减灾宣传。先登记好居民的手机号，然后以群发短信的方式，向辖区内的居民手机发送防灾减灾知识，宣传普及防震避震与自救互救知识。

五是开展现场咨询宣传活动。组织上街开展防震减灾宣传活动。联合各小区业主委员会、小区物业、志愿者等通过横拉条幅、宣传展板、现场咨询、发放宣传资料等形式，向小区居民宣传普及防震减灾知识。

（2）运用富有成效宣教的模式

目前，比较有效的防灾教育模式有如下 3 种：

一是讲座模式。讲座是防灾教育中比较简便易行的模式。要提高讲座的效果，首先要促进灾害高度关心人群和灾害低度关心人群之间的互动。对灾害关心度不高的人，往往是没有灾害经历，因此他们对灾害的估计比较乐观；而高关心度的人，多是亲历、亲见过灾难场面，能够较深刻地理解灾害的破坏性和毁灭力，同时对于灾害中的逃生和救助方法也比较熟悉。通过灾害高度关心的人群对灾害低度关心人群的讲述、劝导和方法传授等，可以使灾害低度关心人群感同身受，教育效果更加明显。因此，在防灾讲座中，适当加入灾害亲历者、救灾人员等人讲述或记录，可以使听讲者通过这些重要的案例知识对某方面灾害有更深刻的认识，再加之专家或教师的讲解，使听讲者获得比较全面的有关灾害的知识。

二是体验模式。体验模式可以分成假想体验、模拟体验和真实体验三种形式。一般来说，其中比较常见的是前两种。假想体验是让受教育者想象灾害发生的情景，可以是防灾训练人员口述，也可以是录音、影像等教学资料，营造灾害气氛，让受教育者去体会当时的感受，想象可能发生的情况以及可能采取的自救措施等，也可以让受教育者观看灾害和自救的影像，让他们通过观察学习来丰富自己的逃生知识和技术。模拟体验是模仿真实的灾害现场，制作地震或火灾等等场景，让学习者亲身体验虚拟的场景，配以指导人员的说明和讲解，让学习者亲自使用灭火器等工具，实施模拟自救。这种体验的方式较之讲座具有生动、实用的特点，是比较理想的防灾教育模式。但是，体验模式对设施的要求相对较高。

三是综合活动模式。综合活动模式的方法比较多样。防灾教育机构可以让受教育者自己确定题目，通过查阅资料和社会调查等方法了解灾害的历史、形成原因、预防方法和自救措施等，大家相互之间通过讨论、相互交换意见或谈感想等增加对有关灾害的知识的了解；也可以通过组织与防灾有关的游戏、运动、表演、远足、夏令营等各种活动，增加防灾体验，习得逃生本领，并触发对受灾者的理解和同情。

（3）把握好开展防震减灾宣传工作的主要内容

为了取得较好的宣传效果，进行防震减灾日常宣传的重点内容可围绕如下几个方面：

一是围绕多震灾的国情或市情，宣传我国或本地区防震减灾工作的重要性、艰巨性、长期性，宣传防震减灾工作的方针政策、工作任务；围绕强化防震减灾法制观念，宣传防震减灾法律法规，宣传依法管理防震减灾工作的意义和成效。

二是围绕防震减灾决策部署、本地区的防震减灾规划，宣传防震减灾工作发展方向和工作措施，宣传防震减灾重大工程项目对提升社会综合减灾能力的作用。

三是围绕提升抗震设防能力，宣传城乡和建设工程抗震设防工作作用和意义，宣传农村民居防震保安工作减灾实效和抗震设防工作的各项新技术、新成果。

四是围绕增强地震应急救援能力、自救互救，宣传制订和完善地震应急预案的必要性，以及社区如何通过自身的努力，提高社区防灾减灾能力，尽量减轻人员伤亡和财产损失。

五是围绕防震减灾日常工作和应对重大地震突发事件中涌现出来的先进典型，宣传地震工作者"心系人民、恪尽职守，知难而进、勇于创新，勤勤恳恳、无私奉献"的精神风貌，争取全社会对防震减灾工作的理解和支持。

（4）加强社会各界的合作

防灾教育需要政府、专家、市民和学校的通力合作。专家的作用是总结和归纳灾害发生的原因、抵御的方法、自救的方法等等，帮助各级单位构建防灾教育的知识和技术支持体系，并且对各单位的防灾教育活动进行直接或间接的指导。市民不但要鼓励自己的孩子参与防灾的学习和训练，而且也应该参与到这项活动中来，以形成全民参与、共同学习的氛围。灾害不会只发生在一个人的身上，社区中的所有人都可能成为受灾对象。为了减少灾害所带来的损失，每个人都应该成为防灾教育的参与者和合作者。学校应该成为市民的避难场所，并具有传授和培训防灾知识和技术的重要职能；学校教授给学生的防灾知识，还要通过学生传达给其家长和邻居等其他市民，从而增加学校防灾教育的影响面和受益群体。政府要提供必要的物质条件，鼓励和组织多方面的合作。防灾教育需要政府、市民、专家和学校紧密联系，以"尊重和珍视自己和他人的生命"为中心理念，通过多样的活动，培养学生和普通市民的防灾意识、防灾能力，以提高整个社会的防灾减灾能力。

◇适时组织和安排地震应急演练

我国防震减灾法第四十四条明确规定："县级人民政府及其有关部门和乡、镇人民政府、城市街道办事处等基层组织，应当组织开展地震应急知识的宣传普及活动和必要的地震应急救援演练，提高公民在地震灾害中自救互救的能力。机关、团体、企业、事业等单位，应当按照所在地人民政府的要求，结合各自实际情况，加强对本单位人员的地震应急知识宣传教育，开展地震应急救援演练。"

地震应急演练是检验应急预案、完善应急准备、锻炼应急队伍、磨合应急机制的重要手段。

通常，地震应急演练目的包括如下几点：一是检验地震应急预案的科学性。通过开展应急演练，查找应急预案中存在的问题，进而完善应急预案，提高应急预案的实用性和可操作性。二是完善各项准备活动。通过开展应急演练，检查应对突发地震事件所需应急队伍、物资、装备、器材、技术等方面的准备情况，发现不足及时予以调整补充。三是锻炼队伍。通过开展应急演练，增强演练部门、参与单位、参演人员等对地震应急预案的熟悉程度，掌握应急处置的实战技能，提高各级领导和居民的应急处置能力。四是磨合机制。通过开展应急演练，进一步明确相关单位和人员的职责任务，理顺工作关系，完善应急联动机制。五是促进防震减灾科普宣传教育。通过开展应急演练，普及应急知识，提高公众风险防范意识和自救互救等灾害应对能力。

为了组织和安排好地震应急演练，应做好如下几个方面的工作：

（1）成立应急演练组织机构

演练活动应在本地地震应急预案确定的应急领导机构或指挥机构领导下组织开展。演练组织单位要成立由相关单位领导组成的演练领导小组，通常下设策划部、保障部和评估组。对于不同类型和规模的演练活动，按照演练的规划可以适当调整应急预案确定的组织机构和职能。

演练策划部负责应急演练总体策划、演练方案设计、演练实施的组织协调、演练评估总结等工作；在策划部的指导下，演练保障部负责演练所需物资装备的调集，准备演练场地、模型、道具、场景，维持演练现场秩序，保障运输车辆，保障人员生活和安全保卫等，一般抽调演练组织单位及参与单位的相关业务人员组成；演练评估组负责设计演练评估方案和撰写演练评估报告，对演练准备、组织实施及其安全事项等全过程、全方位进行观察、记录和评估，及时向演练领导小组、策划部和保障部提出意见、建议。

（2）总体筹划演练活动

应根据本市、本地区、本街道的地震应急管理工作具体要求实际统筹规划，周期性组织应急演练活动。比如，可考虑每年组织一次较小规模的居民演练活动，每两三年组织一次大型演练活动。

在筹划时，首先要落实演练组织单位。一般地说，演练活动应分主办单位、承办单位、协办单位。主办单位牵头组织、整体筹划、综合协调；承办单位具体组织实施、落实相关措施；协办单位主动参与、密切配合。演练活动的演练组织单位负责承担主办单位的职责。

接下来要确定演练规模和参加人员。按照地震应急预案的要求，在经费允许的前提下，尽可能让居民广泛参与、多部门参加、全过程实施，动用的人力和装备、器材以少代多、以虚代实，规模适度，尽量做到一次演练活动能够多方受益。

参演人员包括地震应急预案明确的成员单位工作人员、各类专兼职应急救援队伍、志愿者队伍、社区居民等。在具体实施中，还可考虑邀请上级领导或地震局专家人员参加指导。

在落实了单位和人员之后，就要考虑安排具体的演练时间。对于一般的地震应急演练来说，可安排在地震形势比较紧张或"5·12""7·28"等特殊时段进行。

最后还要安排具体的演练计划。按照演练活动的整体构想，安排演练准备与实施的日程计划；演练事件情景，人群疏散与安置方案、演练实施步骤、后勤保障、安全注意事项等。必要时，还要编制演练经费预算，考虑提出经费筹措渠道。

（3）编写演练方案文件

根据演练类别和规模的不同，演练方案可以编为一个或多个文件。编为多个文件时主要有演练人员手册、演练宣传方案、演练脚本等，分别发给相关人员。

演练人员手册内容主要包括演练概述、组织机构、时间、地点、参演单位、演练目的、演练情景概述、演练现场标识、演练后勤保障、演练规则、安全注意事项、通信联系方式等（可不包括演练细节），发放给所有参加演练的人员；演练宣传方案主要包括宣传目标、宣传方式、传播途径、主要任务及分工、技术支持、通信联系方式等；演练脚本描述演练场景设计、处置行动、执行人员、指令与对白、视频背景与字幕、解说词等。

（4）进行组织演练动员与培训

在演练开始前，要进行演练动员，确保所有演练参与人员掌握演练规则、演练情景和各自在演练中的角色、任务。

所有演练参与人员都要经过应急基本知识、演练基本概况、演练现场规则等方面的培训。对安全保卫人员，要进行演练方案、演练过程控制和管理等方面的培训；对参演人员，要进行应急预案、应急技能及个人防护装备使用等方面的培训。

（5）实施应急演练

演练正式启动前，一般要举行简短仪式，由参加演练活动的最高行政官员或演练总指挥宣布演练开始。

演练总指挥负责演练实施全过程的指挥控制。参演人员根据控制消息和指令，按照应急预案的程序和演练方案的规定实施处置行动，完成各项演练活动。

在演练实施过程中，可以安排专人或专业播音员对演练过程进行解说。解说内容一般包括演练背景描述、进程讲解、案例介绍、环境渲染、应急知识宣传等。

演练内容全部完成后，由总策划发出结束信号，演练总指挥宣布演练结束。演练结束后所有人员停止演练活动，按预定方案集合进行现场总结讲评，或者组织参演人员撤离演练现场，保障部负责演练场地的清理和恢复。

演练出现意外情况时，演练总指挥与其他领导小组成员会商后，可提前终止演练。

（6）进行演练总结

在演练结束后，据演练记录、应急预案、现场总结等材料，对演练进行总结，并形成演练总结报告。最好列出发现的问题与原因，经验和教训，以及改进有关工作的建议等。

◇近年来破坏性地震带给我们的启示

作为中国人，我们不会忘记这样的惨痛经历：

1976 年 7 月 28 日 3 点 42 分，在唐山发生了里氏 7.8 级地震，地震震中在唐山开平区越河乡，即：北纬 39.6°，东经 118.2°，震中烈度达Ⅺ度，震源深度 12 千米。地震造成 24.2 万多人死亡，16.4 万多人重伤；7200 多个家庭全家震亡，上万家庭解体，4204 人成为孤儿；97% 的地面建筑、55% 的生产设备毁坏；交通、供水、供电、通讯全部中断；23 秒内，直接经济损失人民币 100 亿元；一座拥有百万人口的工业城市被夷为平地。

2008 年 5 月 12 日 14 时 28 分，我国发生了震惊世界的四川汶川 8.0 级特大地震，地震震中在四川省汶川县映秀镇，即：北纬 31.0°，东经 103.4°，震中烈度达Ⅺ度，震源深度 14 千米。强烈的地面震动造成北川、汶川、青川等地房屋损毁严重，交通、通信大面积中断，地震触发大规模滑坡、崩塌、滚石及泥石流、堰塞湖等灾害举世罕见。触发的崩塌、滚石和滑坡约 1 万多处，形成大、小堰塞湖多达 104 个，在造成巨大损失的同时是也给人员搜救、伤员救治、灾民转移安置和抢险救灾工作造成极大困难。地震造成 69227 人死亡，17923 人失踪，374643 人受伤。直接经济损失 8523 亿多元。

2010 年 4 月 14 日，青海玉树发生 7.1 级大地震，地震波及范围达 3 万平方千米，重灾区约 4000 平方千米，极重灾区约 900 平方千米。玉树县和称多县部分地区共 12 个乡镇受灾，人口约 10 万人。地震造成 2220 人遇难，12135 人受伤，其中重伤 1434 人，近 70 人失踪。

……

悲剧竟然如此相似，令人类猝不及防，脆弱无助。在人类文明高度发达、科学技术日新月异的今天，仍然存在人类所无力控制驾驭的自然灾害；人类也一直在为着自身不讲科学，有意无意的自满自大、疏忽怠慢以及认识上的种种局限和无知，不时承受自然的惩罚。但宝贵的是，人类，作为万物之灵长，绝不会就此而停下前进的脚步；相反，几乎每一次遭遇劫难，都能从中总结经验、汲取教训，进而有效减少未来可能遭遇的风险。

近几十年来的多次破坏性地震带给我们的启示是：

（1）**防御地震灾害，必须高度重视抗震设防**

唐山是一个人口超百万的大城市，尽管大量建筑物为近代新建，但在建筑时都没有经过抗震设计，唐山地区几乎所有的工业建筑，民防建筑的设防是比较低的，当时是按照基本烈度Ⅵ度以下设防的，所以造成的破坏程度很大，伤亡也很重。

唐山地震启示我们，随着国民经济的飞速发展，城市建设的抗震设防应该被认识和加强。否则，经济越发达的地区，一旦发生破坏性地震，遭受的损失会更大。

汶川地震造成 778.91 万间房屋倒塌，2459 万间房屋损坏，北川县城和汶川映秀镇等一些城镇几乎夷为平地。为什么震区房屋大量倒塌破坏？其主要原因是：汶川地震释放能量巨大导致破坏力极强，严重的地震地质灾害加剧了房屋破坏程度，极震区抗震设防烈度偏低致使房屋抗震设防能力不足，抗震设防监管存在一定欠缺，普通农居基本不具备抗御地震的能力，城市仍占一定比例的老旧房屋倒塌较多。

在极重灾区北川县城，虽然整个县城遭受严重损坏，但仍有近 30% 的房屋建筑由于采取了抗震设防措施虽严重受损而未倒塌，减少了人员伤亡。震区内的水电重大工程，根据地震安全性评价结果采取了抗震设防措施，经受住了考验，包括紫坪铺在内的1996座水库、495处堤防虽有部分出现不同程度的沉降错位，附属设施遭到一定破坏，但大坝主体没有严重破坏，无一溃坝。

玉树州、县驻地——结古镇，建筑物倒塌50%以上，部分地区建筑物倒塌达90%。建筑物抗震能力弱，是一个突出的问题，巨大的人员伤亡和经济损失主要来自于建筑物的破坏。从中，我们既看到了"历史欠帐"较多，也发现了人们抗震意识的薄弱。比如，完全倒塌的建筑物中，有的是年久失修的土坯房和"干插石"房，有的是过多使用预制板的房屋。同时，还发现只能用于作填充墙的空心砖，却用于建承重墙。当然，我们也看到，近年来由政府主导的农牧民安居房，在地震中都经受住了考验，损失较轻。因此，经验和教训都值得认真总结和汲取。

抗震设防能力不足是造成房屋大量倒塌的重要原因，也是我国与美国、日本等发达国家在防震减灾能力上的主要差距。防御地震灾害，必须高度重视抗震设防。地震活断层探测和地震危险性评价，城乡规划建设的地震安全区划，重大建设工程、生命线工程和易产生严重次生灾害工程的地震安全性评价，一般工业和民用建筑物抗震设防要求管理等，都是最大限度地减轻地震灾害的基础工作。

（2）地震安全农居建设是改变我国农村基本不设防现状的重大举措

2003年2月的新疆巴楚—伽师6.8级强烈地震，造成268人死亡。这次地震给巴楚县琼库尔恰克乡的房屋以毁灭性的打击，造成重大的人员伤亡，时候分析认为，当地房屋结构不合理是其直接因素。

此次地震在两个县产生了不同的震害，暴露了农村抗震设防的薄弱。在广大的农村，由于受经济条件和传统观念等因素的影响，农民盖房一般是自行设计，自找工匠，结伙施工，常常是建房无图纸，工匠不培训。

2005年11月26日8时49分，江西九江、瑞昌间发生5.7级地震。地震波及湖北、安徽、湖南、浙江、福建、江苏、上海等省市。全部受灾人口约40万，江西、湖北两省共12人死亡，九江境内70多人受伤，6018户约1.8万间房屋结构性毁损，数十万人被迫转移，城乡大量基础设施被毁。

据专家分析，九江地震房屋损毁严重的原因之一是建构筑物选址不当，之二是农村房屋基本不设防，城镇建筑对国家最低抗震标准也执行得不够，城乡中出现了大量无防震处置的建筑设施。

专家认识到，地震安全农居建设是改变我国农村基本不设防现状的重大举措，这一举措在汶川地震中充分体现了减灾实效。地震烈度为Ⅷ度的四川什邡市师古镇农村民居80%损坏，而该镇宏达新村地震安全农居却100%完好；地震烈度为Ⅷ度的甘肃省文县临江镇东风新村，武都区外纳乡李亭村和桔柑乡稻畦村，由于实施了地震安全农居工程，所有农居安然无恙。

为了做好农村的防震减灾工作，必须重视抗震设防，做好重建民居点选址、尽可能避让不利场地条件，强制执行国家防震标准。

（3）**不可忽视防震减灾科普宣传的重要作用**

如果懂得防震知识，也许唐山留给我们的痛苦还能小一些；也许不需要有那么多的人失去生命，那么多的家庭从此消失。地震后有学者发现，很多地震中的幸存者，都是懂得一些防震知识的人。他们利用自己掌握的微薄的防震知识、逃生知识，使自己躲过了那场灾难，至少，留下了生命。

汶川地震凸显防震减灾科普宣传的重要作用。比如，四川省6个重灾市州建成10所省级和82所市县级示范学校，并经常开展疏散演练，把防震减灾知识宣传教育作为必修课程。与其他学校相比，这些学校在这次震灾中应急措施得力、处置得当，除1所学校外基本达到零死亡，取得了明显的减灾实效。

四川德阳孝泉中学师生成功避险是防震减灾科普宣传发挥减灾实效的典型案例。汶川地震发生时，作为防震减灾科普示范学校之一的孝泉中学，1300余名学生在短暂惊恐后，迅速镇定下来，在老师带领下，仅用3分钟就全部有序疏散到操场，随后高中教学楼轰然倒塌，其余校舍都成为严重危房，而师生无一伤亡。

然而，总体上，防震减灾科普宣传教育等公共服务匮乏的特点也给我们了很多启示。群众基本不具备自救互救知识，震区很多人员疏散逃生不及时，方式方法不科学。尤其对于人员密集的中小学校，仅有防震减灾科普宣传示范学校等做到了有序疏散。

如果我们能够更好地普及地震知识，普及地震防范知识，让广大群众不仅知道地震的危害，更知道地震时的震兆，知道地震发生时如何逃生、如何选择相对安全的地方进行躲避，就能够有效减少地震对生命的危害，减少伤亡。

2009年3月2日，国家减灾委、民政部发布消息，经国务院批准，自2009年起，每年5月12日为全国"防灾减灾日"。通过设立"防灾减灾日"，定期举办全国性的防灾减灾宣传教育活动，有利于进一步唤起社会各界对防灾减灾工作的高度关注，增强全社会防灾减灾意识，普及推广全民防灾减灾知识和避灾自救技能，提高全民的综合减灾能力，最大限度地减轻自然灾害的损失。

（4）在地震应急准备和紧急救援能力方面要下足功夫

在我国防震减灾工作体系中，地震应急救援体系建立的时间相对较晚，未经历过如此大规模、复杂的现场应急救援，也没有进行过大震巨灾演练，在技术储备、协调机制和救援队伍等方面都存在一些薄弱环节。

现行地震应急预案应对大震巨灾存在缺陷。应急预案没有特别针对大震巨灾制定应对措施，所设计的指挥体系和运行机制不能有效应对大震巨灾。各级各类指挥部缺少预案层面的权责约束，震后初期各自开展救援，缺乏相互间的协调沟通。地震灾害紧急救援队、工程抢险队、救援部队、公安干警、医疗队以及志愿者队伍的跨区域组织协调和管理未纳入地震应急预案，管理权限不明确。

解放军、武警、公安消防和医疗卫生等救援力量协调联动不够密切。国家和省级地震灾害紧急救援队缺乏统一指挥。专业救援队伍规模小，志愿者队伍分散作战，不能满足汶川巨灾现场的救援需要。灾区城市缺乏大震巨灾的应急救援准备，应急避难场所严重不足。地震灾害损失评估技术方法不够完善，实效较差，未能在第一时间提供给政府决策。

设在地震部门的国务院和省级抗震救灾指挥部的技术系统和场地未能按照设计目标发挥作用，未作为国务院和省抗震救灾指挥办公地点行使职能，未能充分发挥投资效益。

汶川地震表明，大地震往往几十年一遇，容易产生懈怠和侥幸心理，而防震减灾工作应该平时不断积累和长期准备，需要保持常备不懈的精神状态，以高度的责任感和使命感，重新审视和完善应对中强地震行之有效的工作思路、任务要求、部署安排和方法措施。必须树立大震巨灾防御观，以应对大震巨灾为出发点，立足防大震、救大灾，科学探索大震孕育发生规律，全面提高城乡抗大震的设防能力，全力提升全社会大震巨灾危机防范意识，切实做到"应急预案实战化，救援队伍专业化，应急管理常态化"，从源头上做好预防和应急准备。

（5）对志愿者需要强化组织和管理

地震发生后，四川等受灾地区的团组织、志愿者组织在当地党政的统一领导下，迅速建立了抗震救灾志愿服务工作协调联络机制，来自共青团、红十字会、国际救援组织等选派的志愿者有条不紊、按部就班地协助开展抗震救灾工作。但是，我们也看到，不少志愿者是自行组织或单身前往都江堰、绵阳、德阳等重灾区抗震救灾的，由于他们的行动具有一定的盲目性，因此在自带的食物和饮水耗尽后自身反而成了被救援的对象，而且他们当中许多人驾车前往，更给本来就拥堵的交通造成了困难。这些问题给正常开展救援工作造成了一些不利影响。

政府的引导与推动、支持与扶持，对志愿服务活动的开展和健康发展有着非常重要的意义。在突如其来的危机面前，包括政府在内的任何一个公共组织的力量总是有限的，无法单独满足应对危机的所有需求。因此有效地整合调动整个社会资源，充分发挥各种社会力量的能动性，是对紧急状态下社会保障体系的及时补充，志愿者组织应该肩负起这个职能，应解决志愿者"谁来派"和"如何管"的问题。

志愿者希望能够尽一己之力回报社会，那么他们必须具备为社会提供服务的基本技能和知识。因此，政府要出台相关政策，鼓励社会培训机构的加入，有步骤、有计划、有主题地对各类志愿者进行必要的培训。

四、积极做好监测预报和群测群防工作

◇中国地震监测预报的发展简史

我国是世界上大陆地震最为频繁，地震灾害最为严重的国家之一，也是对地震现象记录和研究最早的国家。自公元前 23 世纪，就开始有了对地震现象（受灾地点、范围、破坏情况、地震前兆现象、对地震成因和地震预报的探索）的记载，张衡发明和制造了世界上第一台观测地震的仪器——候风地动仪等，中国古代对地震的观察、记载和研究堪称世界领先。

回顾我国地震监测预报工作的发展进程，从时间上可大体划分为 4 个阶段。

（1）萌芽阶段（1900 ~ 1948 年）

这一阶段随着国外地震观测技术的发展及其对中国产生影响的日益增加，一些接受过西方教育的专家开展了地震观测、地震考察等工作。

1930 年，我国地震学家李善邦先生在北京鹫峰创建了中国第一个地震台，也是当时世界上一流的地震台之一，共记录了 2472 次地震，并参与了国际资料交流。

同时，人们观测到一些地震前的异常现象，开始研究地震发生的时间规律及水位、倾斜、潮汐和气压变化触发地震问题、地震与纬度变迁的关系、地震与地磁的关系、地震与天文现象的关系、震前动物异常等。并撰写论文阐述地震的成因、地震的强度和感震区域、前震和余震、地震的预知和预防等问题。

（2）初期阶段（1949 ~ 1966 年）

这一时期的工作，主要是为地震监测预报的进一步开展奠定了初步的基础。特别是由于全球大地震陆续在一些大城市附近发生，造成了程度不等的严重破坏，引起有关国家的政府和科学家对地震问题的重视。

在我国，首先是于 1953 年成立了"中国科学院地震工作委员会"；收集、整编中国地震历史资料，出版了两卷《中国地震资料年表》、两集《中国地震目录》；结合中国的具体情况，制定了《地震烈度表》和《历史地震震级表》，并编制了《大地震等震线图》。

其次是在 1957 ~ 1958 年，建立了国家地震基本台网，开展了地震速报业务，并开始了区域地震活动性的研究。首次对新丰江水库进行了地震预报预防研究与实践的试验，取得了在特定条件下的成功，使人们增强了预防意识、看到了地震预报的曙光。

第三是在 1958 年 9 月，中国科学院地震预报考察队赴西北地震现场，对地震前兆现象进行了调查，总结的前兆现象不仅在当时，而且对以后地震预报工作也有重要科学价值。成为探索短期预报的第一次重要的科学实践。1963 年，地球物理学家傅承义撰写了《有关地震预告的几个问题》，指出：地震预报的最直接标志就是前兆，寻找前兆一直是研究地震预报的一条重要途径。他同时指出："地震预告是一个极复杂的科学问题"。

（3）发展阶段（1966 ~ 1976 年）

1966 年的邢台地震标志着我国进入了第 4 个地震活跃期。在这个活跃期，中国大陆发生了河北邢台 7.2 级、渤海 7.4 级、四川炉霍 7.6 级、云南大关 7.1 级、辽宁海城 7.3 级、云南龙陵 7.4 级、河北唐山 7.8 级等多次 7 级以上地震，给我国带来了深重的地震灾害。而且，由于社会、政府和人民的需要，极大地推动了我国地震监测预报工作的发展。

1966 年 3 月的河北邢台地震产生的巨大灾难，引起了国家的高度重视，国家号召科学工作者抓住邢台地震现场不放，积极开展预报实验，边实践、边预报。通过大家的努力，不仅在现场首次预报了 3 月 26 日的 6 级强余震，而且，在长期的地震预报实践中逐渐建立了地震预报的组织形式与发布程序，为后来的地震预报体制的建立提供了经验；并且初步形成长、中、短、临渐进式预报思路。

1975 年 2 月 5 日辽宁海城 7.3 级地震的成功预报实践，不仅大大地激励了中国地震学家的研究热情，也给世界地震学界带来了极大鼓舞。同时，推动了全国范围的地震群测群防活动的广泛开展。使得地震预报事业得到了空前的发展，奠定了地震监测手段和预报方法的研究基础，进一步推进了对地震孕育和发生规律的科学研究。

（4）全面开展阶段（1977 年至今）

我国大陆 1976 年以后出现了 10 多年的强震活动较弱的时期。一方面给人们提供了一个总结—研究—提高的机遇；另一方面，随着科技水平的提高、先进技术和理念的应用，使地震监测预报工作得以全面开展、深入研究有了坚实的基础；提出了综合预报的思想，建立了系统化、规范化的地震预报理论和方法。

1983 ～ 1986 年，开展了地震前兆与预报方法的清理攻关工作，对测震、大地形变测量、地倾斜、重力、水位、水化、地磁、地电、地应力方法预报地震的理论基础与观测技术、方法效能做出了评价；对各种常用的分析预报方法的预报效能做出了初步分析，为地震综合预报提供必要的依据；提出了一些新的预测方法，以及利用计算机分析识别地震前兆的设想，为我国前兆观测和地震预测研究打下了良好的基础。

1987 ～ 1989 年，开展了地震预报的实用化攻关研究。通过对 60 多个震例资料的系统分析和对比研究，形成了各学科的、综合的、有一定实用价值的地震分析预报方法。同时，也将专家们的地震预报经验进行了高度概括和总结，并建立了三个地震预报的专家系统。系统科学（如信息论、系统论、协同论、耗散结构论、非线性理论等）也开始应用于地震预报，使中国地震预报水平跃入国际先进行列，乃至国际领先水平，在世界地震预报领域引人瞩目。

20 世纪 90 年代以来，随着高新技术在地球科学中的应用，特别是空间对地观测技术和数字地震观测技术的发展，给地震预测预报研究带来了历史性的发展机遇。地震学家们以新一代的数字观测技术为依托，开展了大陆强震研究、逐步实施了以地球科学为主的大型研究计划，为地震预报研究提供了大量的资料。同时，不仅从预测理论、模型、异常指标、预测方法以及物理机制等多个方面进行研究，而且，紧随计算机和网络技术的发展和普及研制出一批地震预测的工具软件、对台站进行了数字化改造、建立了地震监测与速报台网、中国地震台网中心，使地震监测预测工作迅速进入了数字化、自动化和网络化的高新技术应用时代。

◇地震台和地震观测台网

地震台是指利用各种地震仪器进行地震观测的观测点，是开展地震观测和地震科学研究的基层机构。

地震观测，是用地震仪器记录天然地震或人工爆炸所产生的地震波形，并由此确定地震或爆炸事件的基本参数（发震时刻、震中经纬度、震源深度及震级等）。地震观测之前，应有一系列的准备工作，如地震台网的布局，台址的选定，台站房屋的设计和建筑，地震仪器的安装和调试等。仪器投入正常运转后，便可记录到传至该台站的地震波形（地震图）。分析地震图，识别出不同的震相（波形），测量出它们的到达时刻、振幅和周期，再利用地震走时表等定出地震的基本参数。

为记录不同震级和距离的地震，一般要设置短、中长和长周期地震仪；相应的记录器也要有大、中、小的振幅类型，才能获得适合于分析用的真实的记录。

地震台网是由各级地震台、站所构成的观测网络。按其控制震级的大小，可分为微震台网和强震台网；按监视范围，可分为全球地震台网、国家地震台网和区域地震台网；按台站仪器设置，可分为长周期地震台网和短周期地震台网；按信息记录方式，还可分为模拟地震台网和数字地震台网等。

地震台网内观测数据由各台站定时发往地震数据处理及分析预报中心，中心负责数据的收集、整理、编辑和储存，以及对数据的综合分析研究。

北京西山鹫峰地震台是中国自建的第一个地震台。于1930年在地震学家李善邦和秦馨菱先生主持下建成，开创了中国地震研究的新纪元，也见证了中国地震研究史。

新中国成立后，我国的地震观测系统建设突飞猛进。20世纪50年代中期，在全国范围建成一批达到当时世界水平的国家地震台站；60年代中期到70年代，全国的地震观测台站建设迅速发展，台站趋近600个。

20世纪60年代初期开始，美国海岸和大地测量局（USCGS）设置了120个分布在世界各地的标准化仪器台站，称为世界标准地震台网（WWSSN）。随后，世界多地震的国家也陆续建立了各种尺度的地震台网。在全球范围内，由国际地震学中心收集和整理来自世界各地约 850 个地震台的观测数据，用计算机测定地震基本参数，并编辑出版国际地震中心通报（BISC）。

随着微电子技术的发展，从 20 世纪 70 年代开始，地震观测系统采用了将接收信号数字化后进行记录的方式。数字记录地震仪具有分辨率高、动态范围大、易于与计算机联接处理的优点，十分有利于地震数据处理的快速、自动化和对地震波形的研究。由此，数字地震台站的数量快速增加，使地震观测仪器出现了一个新的飞跃。

为了研究某一地区的地震活动，可布置一个区域台网，由几十个至百余个地震台组成，各台相距数千米，或几十至百余千米。各台检测到的地震信号，多是用有线电或无线电方法迅速传至一个中心记录站，加以记录处理。对于某些特殊任务，例如地下核爆炸的侦察，可布设一个由几十个地震台组成的、排列形式特殊的台阵，使台阵对某个方向来的地震波特别敏感，并可抑制噪声。

为了研究大震的余震，或为在预期将发生地震的地区观测前震和主震，还可布设一个由 10 ~ 20 个地震台组成的临时台网或流动台网。各台所收到的地震信号，多是用无线电方法传输到一个临时记录中心加以记录，或在无人管理的地震台上将数字地震信号记录在硬盘上。地震活动平息后，即可转移到其他地区进行观测。

一般认为，研究全球的地震活动应每隔 1000 千米左右就设置一个设备较完善的地震台。随着数字地震观测仪器的发展，由国际数字地震台网联合会（FDSN）协调，在全球布设了数百台数字宽频带地震台，它包括中国和美国合作建设的中国数字地震台网（CDSN）的 11 个地震台。中国自主建设的国家数字地震台网（NDSN）的 75 个台站于 2000 年开始观测。

◇中国地震台网的组成

中国地震台网建设上采用国家级、区域级和流动级三个层次的台网。国家级台网基本均匀地布设在国土上，台站间距大约在 500～600 千米。为了提高对一些重点监视防御区的监测能力，这样就形成了区域数字地震台网，台站之间的间距减少到 100 千米以内。对于要求更高密度的台网，有临时观测需要的台网，或者有特殊布设要求的用途，只能采取流动台网的方式。

中国地震台网包括数字地震监测台网、数字地震前兆监测台网和地震监测台站（点）。

（1）数字地震监测台网

中国的数字地震台网建设起步于 20 世纪 80 年代。1983 年 5 月中国地震局与美国地质调查局开始规划设计中美合作的中国数字地震台网（CDSN），到 1986 年建成了由北京、牡丹江、兰州、昆明等 9 个数字化地震台站。1991 年和 1995 年又分别增设了拉萨和西安 2 个数字地震台站。1993～2001 年，中美双方对 CDSN 进行了二期改造，使台网的硬件、软件系统符合美国地震学联合研究协会在全球建立的数字地震台网（GSN）的技术规范。目前，CDSN 是 GSN 的一个重要组成部分。

数字地震监测台网也是由国家地震台网、区域地震台网和流动地震台网 3 个层次构成的测震监测系统。它的主要功能是监控我国的地震和构造活动，服务于我国地震监测预报与地球科学研究，完成大震速报任务。目前，它的地震监控能力实现了：全国监控能力可达 $M_L \geqslant 4.0$ 级地震（速报时间是 20～25 分），东部重要省会城市及其附近的监控能力可达 $M_L \geqslant 1.5$～2.0 级（速报时间是 10～15 分），首都圈地区具有监控 $M_L \geqslant 1.0$～1.5 级地震的能力（速报时间是 5～10 分）。

其中国家地震台网主要是对我国境内及周边地震和构造活动进行监控，完成大震速报，并为破坏性地震中长期预测提供服务。它由全国的 49 个数字化地震台组成，通过卫星、因特网实现实时数据传输。其中有 11 个台站（北京、佘山、牡丹江、海拉尔、乌鲁木齐、拉萨、琼中、恩施、兰州、昆明和西安）同时属于全球地震台网，主要用于控制全球大尺度的地震和构造活动，服务于全球地震监测与地球科学研究。

区域地震台网主要对人口稠密地区和地震多发区进行地震监测，以减少这些

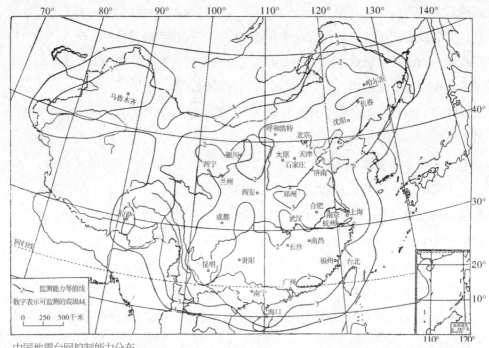

中国地震台网控制能力分布

地区因地震造成的损失。它由 26 个区域遥测地震台网和首都圈数字地震台网组成，遥测地震台网主要分布在南北地震带、华北地震带、新疆北部地震带和东南沿海地区。

流动地震台网主要用于地震应急现场的流动观测和地球深部结构成像的分区观测。地震应急现场的流动观测，主要是进行大震前的前震观测和震后地震活动性监测，为判断震情的发展趋势提供依据。地球深部结构成像观测，是通过观测资料的处理对地球深部（几十千米～上千千米）结构、人们无法觉察到的微震活动做一个扫描。

（2）数字地震前兆监测台网

数字地震前兆监测台网是我国规模最大的直接服务于我国防震减灾事业的地震监测台网。

数字地震前兆台网主要包括国家地震前兆台网中心，国家重力台网、国家地磁台网、地壳形变台网、地电台网和地下流体台网 5 个专业台网及相应的学科台网中心（国家重力台网中心、国家地磁台网中心、地壳形变台网中心、地电台网中心和流体台网中心），两个地震前兆台阵（四川西昌台阵和甘肃天祝台阵）和1个前兆台阵数据处理系统，以及全国各省、自治区、直辖市的防震减灾中心设立的31个地震前兆台网部。涉及形变、流体、电磁等三个学科、十多个观测手段，几十个观测项目，几十种观测仪器，其观测的物理量和仪器测量原理各不相同，观测手段之间的数据处理要求和重点也各不一样。其特点是规模大、覆盖面广观测项目和仪器种类繁多。测点遍及全国，可以实时或准实时收集数字化的地球物理、地球化学观测数据，实现数据处理计算机化，数据传输与共享网络化。另外，数字地震前兆台网还包括流动重力测点、地磁测点和GPS观测站。

（3）地震监测台站（点）

地震监测台站（点）是构成地震监测台网的最小单位，是地震监测工作的第一线。

地震台站根据承担主要任务与规模不同，分为全球地震台站、国家地震台站、区域地震台站和社会地震台站四类。

全球地震台站主要用于控制全球大的活动和构造，配备国际先进水平的观测技术系统和与之相适应的基础设施，服务于全球地球科学的研究。

国家地震台站主要用于控制我国主要活动与构造，配置测项比较齐全、水平先进的观测技术系统，具备开展多学科、多测项的地震与地震前兆、地球物理场观测的条件，承担地震与地震前兆学科的野外观测试验及地球科学研究任务。

区域地震台站主要用于本区域地震速报与预报，配置测震与前兆测项相对齐全的的观测技术系统，服务于当地的地震监测预报及研究工作。

社会地震台站是由建设单位根据自身的需求建设的台站。

◇进行地震预报研究的基本方法

地震是一种自然现象，有着发生的规律，掌握规律就能够预报。但是目前对地震发生的具体过程和影响这个过程的种种因素还了解得不够清楚，这就对地震预报造成了很大的困难。

目前研究地震预报的方法，主要有三方向：地震地质方法、地震统计方法和地震前兆方法。这三种方法并不是彼此独立不相关的，而是互有联系的，并且如果能够将三种方法配合使用，效果会更好。

（1）地震地质方法

应力积累是大地构造活动的结果，所以地震的发生必然和一定的地质环境有联系。

预报地震包括预报它发生的时间、地点和强度。地质方法是宏观地估计地点和强度的一个途径，可用以大面积地划分未来发生地震的危险地带。由于地质的时间尺度太大，所以，关于时间的预报，地质方法必须和其他方法配合使用。

地震是地下构造活动的反应，显然应当发生在地质上比较活动的地区，尤其是在有最新构造运动的地区。不过老的构造带的残余活动有时能持续很长的时间，偶尔也会发生地震，所以也不能完全忽略。

一般认为，大地震常发生在现代构造差异运动最强烈的地区或活动的大断裂附近；受构造活动影响的体积和岩层的强度越大，则可能产生的地震也越大；构造运动的速度越大，岩石的强度越弱，则积累最大限度的能量所需的时间越短；于是，发生地震的频度也越高。

但也有不少例外，如在地震发生前，地质构造往往不甚明朗，震后才发现有某个断层，认为其与地震有关。

（2）地震统计方法

地震成因于岩层的错动，但地球物质是不均匀的。在积累着的构造应力作用下，岩石在何时、何处发生断裂，决定于局部的弱点，而这些弱点的分布常常是不清楚的。另外，地震还可能受一些未知因素的影响。由于这些原因，当所知道的因素还太少的时候，预报地震有时就归结为计算地震发生的概率的问题。

这种方法需要对大量地震资料作统计，研究的区域往往过大，所以判定地震的地点有困难，而且外推常常不准确。

统计方法的可靠程度决定于资料的多少，因而在资料太少的时候，它的意义并不大。在我国有些地区，地震资料是很丰富的，所以在我国的地震预报工作中，这个方法也是一个重要的方面。

（3）**地震前兆方法**

地震不是孤立发生的，它只是整个构造活动过程中的一个时间。在这个时间之前，还会发生其他的事件。如果能够确认地震前所发生的任何事件，就可以利用它作为前兆来预报地震。

地质方法的着眼点是地震发生的地质条件和在比较大的空间、时间尺度内的地震活动的变化。统计方法所能指出的只是地震发生的概率和地震活动的某种"平均"状态。若要明确地预测地震发生的时间、地点和强度，还是要靠地震的前兆。其实，所有的地震预报方法，最后总是要归结为求得地震发生的某种前兆。只有利用前兆，才能对地震发生的时间、地点和强度给出比较肯定的预报。所以，寻找地震前兆是地震预报的核心问题。

在适当的地质和统计背景下去寻找前兆，是一个最易见效的方法。地震是必然会有前兆的，问题是如何识别和如何观测它们。有些"前兆"现象可能有多种成因，不一定来源于地震；有些前兆常为别种现象所干扰，必须将此种干扰排除后，才能显示出来；有些前兆只是一种近距离的影响，必须在震中附近才能观测得到，而未来震中的位置是预先不知道的。这些问题在实践中经常遇到，需要加以研究解决。

地震前期，地壳受应力的作用，随着时间的推移，岩石的应变在不断的积累，当积累到达临界值时，就会发生地震；在应变积累的时候，地球内部不断地在发生变化。地壳内部的变化表现为多种形式：岩石的体积膨胀、地震波速度变化等等。地壳内部的变化影响着小震活动、电磁现象等，在某些情况下，还影响着地壳中的含水量和氡、氦气体的迁移。这些变化和现象，就是地震的前兆，我们只要将这些变化或者现象识别并且辨认出来，就能够对地震的预报做出一些解释。

以上三种方法都有其局限性，都不能独立地解决地震预测问题。三者必须相互结合、相互补充，才能取得较好的预测效果，即必须采取综合预测方法。

◇发布地震预报一定要特别慎重

1976年10月8日凌晨4时20分，陕西省抗震救灾指挥部在没有弄清楚原因的情况下，主要根据临潼地震台水氡异常和西安地震台地电阻率异常，向全社会发布了地震短临预报意见，并在持续了整整半年仍没有等到"预期地震"之后，于1977年4月2日宣告解除。这次预报的影响范围不仅包括整个关中，而且波及陕南和陕北，对陕西的工农业生产、群众的居家生活和心理造成极大的负面影响。这种影响所造成的损失，不亚于近年来发生在我国的许多6级左右地震。

这个案例启示我们，对于各种异常现象，一定要彻底查个水落石出；如果一时弄不明白，千万不能轻易下结论。发布地震预报，一定要慎之又慎。

地震是在极其复杂的地质结构中孕育发生的，人类迄今为止对这一过程的了解很少。这必然影响到地震预测预报的准确性。

美国科学家们曾提出"地震是不可预测"的学术观点，认为目前在世界范围内还没有任何方法能够有效地进行地震的短临预报。也就是说，还不能准确地预报几天到1～2月内地震发生的时间、地点和强度。这种观点在科学意义上大体是符合实际的，但不是绝对的。事实上，世界各国的地震学家们从来就没有停止过对地震预报的探索。

我国是世界上唯一的广泛开展地震预报工作并应用于实践的国家。通过几十年的努力，积累了一定的经验。

我国从1966年河北邢台地震起开始了地震预测的探索和实践，1975年对有明显前震活动的辽宁海城7.3级地震进行了比较成功的预报，之后还对发生在云南、新疆、青海和辽宁的一些具有某些"前兆"异常的中强地震进行过有减灾实效的震前预报。

有学者指出，在认真进行科学研究的前提下，地震的中长期预报（一般10年以上）相对可靠，但不是百分之百准确；短临预报非常困难，但不是绝对不可能。在充分和合理地应用现有实践经验和研究成果的前提下，在某些有利条件下，对某种类型的地震，有可能做出一定程度的预报。

当前，通过地震活动性规律、地震前兆异常、宏观异常以及其他手段预测地震，只是一种间接的预测方法。地震可能引起这些地震前兆异常和宏观异常，但是出现相关的异常并不一定要发生地震。因为自然界有更多的其他原因也能造成类似的异常现象。目前没有哪一种异常现象能够在所有地震前都被观测到；也没有任何一种异常现象一旦出现之后，就必然要发生地震。所以，在目前开展地震预测探索的实践中，是综合考虑所有情况，采用合理的技术途径，对明显的异常进行动态跟踪和会商的地震预测方式。

成功的地震预报应具备三个条件：一是科学上的准确——即科学、合理、明确地预测出发生地震的时间、地点和震级大小；二是程序上的严密——即规范严谨地按照观测、预测、会商、评审、发布等环节要求去运作，每个程序环节都必须有以法律为保证的权威性和严肃性；三是社会公众的参与——即地震预报发布后，社会积极响应，公众合理有序地应对。

在地震预测方法理论没有成熟之前，地震预测可能成功，也可能失败。所以，我国建立了地震预报评审制度。在地震预报意见形成之后，要专门组织各方面专家进行评审，对意见的科学性、合理性进行审核，并确定预报的发布形式，评估地震预报发布后可能产生的社会和经济影响，提出地震预报发布后的对策措施等。

发布地震预报，既是一个科学问题，更是一个复杂的社会问题。地震预报的发布有着广泛而重大的社会影响。正是由于地震预测的不成熟和发布地震预报后可能造成广泛而深远的社会影响，因此，国家对地震预报权限做了严格规定，除了政府，任何单位或个人，包括地震部门的研究单位或工作人员，都不允许向社会透露、散布有关地震预测的消息。

《中华人民共和国防震减灾法》规定，地震预报由省级以上人民政府发布。因此，真正的地震预报是通过广播、电视、报纸、官方的网站、微博或者其他正规途径发出的。

◇地震短临预报成功率不高的主要原因

有学者把我国目前的地震预报水平的状况概括为：我们对地震孕育发生的原理、规律有所认识，但还没有完全认识；我们能够对某些类型的地震做出一定程度的预报，但还不能预报所有的地震；我们做出的较大时间尺度的中长期预报已有一定的可信度，但短临预报的成功率还相对较低。

那么，地震预测预报究竟难在哪里呢？有学者指出，地震短临预报的成功率不高的主要原因可能有以下几个方面：

（1）地球内部的"不可入性"

地震震源位于地球内部，而地球和天空不同，它是不透明的。人类现在钻探的深井最深也只有十几千米，可地震发生的震源有的上百千米。对于震源的真实情况，以及地震的孕育过程，无法直接观察。对于根据已有知识做的理论推测和模拟实验研究，也只能用地表观测来检验。同时，由于地震在全球地理分布不均匀，震源主要集中在环太平洋地震带、欧亚地震带和大洋中脊地震带，因此，地震学家只能在地球表面很浅的内部设置稀疏不均匀的观测台站。这样获取的数据很不完整、也不充分，难以据此推测地球内部震源的情况。因此，到目前为止，人类对震源的环境和震源本身的特点，了解得还很少。

当前，对地下震源变化的认知，往往只能通过地表的地震前兆探测来推测，包括地震、地形变、地下水、地磁、地电、重力、地应力、地声、地温等不同的科学观测手段。我国民间流传通过水质变化、动物迁徙等前兆现象判断地震的方法，但还处在探索阶段。

（2）地震是小概率事件，经验积累只能慢慢来

全球平均每年发生 7 级以上地震只有十七八次，而且大部分在海洋里。我国是大陆地震最多、最强的国家之一，平均每年也只有 1 次左右。而且在过去 100 多年里，有 1/3 的 7 级以上强震发生在台湾省及其邻近海域。我国大陆地区的强震中又有 85% 发生在西部，其中有相当比例发生在人烟稀少、缺乏台站监测能

力的青藏高原。

地震活动类型与前兆特征又往往与地质构造及其运动特征有关。也就是说，具有地区性特点。在一个有限的特定构造单元里，强震复发期往往要几十年或几百年，甚至更长。这样的时间跨度与人类的寿命、与自有现代仪器观测到地震以来经过的时间相比，要长得多。

作为一门科学的研究，必须要有足够的统计样本。而在人类的有生之年，获取这些有意义的大地震样本是非常困难的。迄今为止，对大地震前兆现象的研究，还处在对各个具体震例进行总结研究的阶段，还缺乏建立地震发生理论所必需的经验规律。

（3）地震物理过程的复杂性

地震是在极其复杂的地理环境中孕育和发生的。地震先兆的复杂性和多变性，与震源区地质环境的复杂性和孕育过程的复杂性密切相关。从技术层面上来讲，地震物理过程在从宏观至微观的所有层面上都很复杂。大家都知道，地震是由断层破裂而引起的。仅就断层破裂而言，其宏观上的复杂性就表现为：同一断层上两次地震破裂的时间间隔长短不一，导致了地震发生的非周期性；不同时间段发生的地震，在断层面上的分布也很不相同。其微观上的复杂性则表现为：地震的孕育包括"成核"、演化、突然快速破裂和骤然演变成大地震的过程。对以上地震物理过程的复杂性及彼此之间关联的研究的不断深化，将有助于人类对地震现象认识的深化。

就世界范围来说，地震预报仍处于经验性的探索阶段，总体水平不高，特别是短期和临震预测的水平与社会需求相距甚远。地震预测预报仍然是世界性的科学难题，可能还需要几代地震工作者的持续努力。

我们说地震预报是世界难题，并不是要"知难而退"，为放弃开展地震预报研究寻找借口；而是要明确问题和困难所在，找准突破点，以便有的放矢地加强观测、加强研究，努力克服困难，知难而进，积极进取，探寻地震预报新的途径。

◇实现地震预测突破的可能途径

目前地震预测、预报的困难，主要是源于我们不可能以高精度测量断层及其邻区的状态，以及对于其中发生的物理定律仍然几乎一无所知。那么，如果这两方面的情况能有所改善，将来做到提前几年的地震预测还是有可能的。为此，需要在如下几个方面进行努力：

（1）依靠科技进步和科学家群体

一部近代地震学的历史，也就是地震学家不断迎接挑战、不断克服困难、不断前进的历史。解决地震预测面临的困难的出路，既不能单纯依靠经验性方法，也不能置迫切的社会需求予不顾、坐待几十年后的某一天基础研究的飞跃进展和重大突破。经过几代地震学家的努力，对地震的认识有很大进步，然而，不了解的地方仍然很多。目前地震预测的能力还是很低，与迫切的社会需求相去甚远。科学家在当前的研究基础上应该勇负责任，把当前有关地震的信息如实地传递给公众；另一方面，科学家应当倾其所能把代表当前科技最高水平的知识用于地震预测。做到这两点，通过长期的探索，依靠科技的进步和科学家的努力，我们终有一天会取得地震预报事业的成功。

（2）强化对地震及其前兆的观测

为了克服地震预测面临的观测上的困难，近年来地震学家在世界各地大量布设地震观测台网，形成了从全球性至区域性直至地方性的多层次的地震观测系统。但是在大多数地区，限于财力和自然条件，台网密度仍然很低，台间距比较大。因此，现在的状况是：一方面是"信息过剩"，目前的数字地震台网产出的大量数据使用得不够，不能充分利用，造成浪费；另一方面则是"信息饥渴"，台网某些地区密度低、台间距太大，以至于在监测地震或开展地震研究时，感到资料不足。因此，地震学家应努力变"被动观测"为"主动观测"，在规则地加密现有固定式台网的基础上，重点监测与研究地区布设流动地震台网，进一步加密观测，改善由于台间距过大、不利于分析解释地震记录的状况。

在地震前兆观测与研究方面，应继续强化对地震前兆现象的监测，拓宽对地震前兆的探索范围，构制自由度较小的定量的物理模式进行模拟，反复验证，或许可以更快地阐明地震前兆与地震发生的内在联系，提高地震预测、预报的准确性。

实际上，一个大地震发生之时，所释放的能量数量级达 1015 焦耳，如此之大的释放能量，在地震发生之前不可能不透露出任何信息。目前已知的地震前兆包括涉及了地球物理、地质、地球化学等众多的学科。在现有基础上，还应当积极探索新的前兆，并加强多学科的合作：20 世纪 90 年代以来，空间对地观测技术和数字地震观测的进步，使得观测技术有了飞跃式的发展；全球定位系统、卫星孔径雷达干涉测量术等在地球科学中的应用，为地震预测研究带来了新的机遇，多学科协同配合和相互渗透，是寻找发现与可靠地确定地震前兆的有力的手段。

（3）坚持地震预测的科学实验——地震预测实验场

地震既发生在板块边界，也发生在板块内部。地震前兆出现的复杂性和多变性，可能与地震发生场所的地质环境的复杂性密切相关。因地而异，在不同地震危险区采取不同的"战略"，各有侧重地检验与发展不同的预测方法，不但在科学上是合理的，而且在财政上也是经济的。

应重视充分利用我国的地域优势，总结包括我国的地震预测实验场在内的世界各国的地震预测实验场经验教训，通过地震预测实验场这样一种行之有效的方式，开展在严格的、可控制的条件下进行的地震预测科学实验研究，选准地区，多学科互相配合，加密观测，监测、研究、预测预报三者密切结合，坚持不懈，可望获得在不同构造环境下断层活动、形变、地震前兆、地震活动性等等的十分有价值的资料，从而有助于增进对地震的了解，攻克地震预测、预报难关。

（4）加强国内外的研究合作

地震预测预报的研究，深受缺乏作为建立地震理论的基础的经验规律所需的"样本"太少所造成的困难的限制。目前，在刊登有关地震预测实践的论文的绝大多数学术刊物上，几乎都不提供相关的原始资料，以致其他研究人员读了之后，也无从进行独立的检验与评估。此外，资料还不能充分共享。这些因素也加剧了上述困难。

应当正视并改变地震预测研究的实际上的封闭状况，广泛深入地开展国内、国际学术交流与合作。加强地震信息基础设施的建设，促成资料共享，充分利用信息时代的便利条件，建立没有围墙的、虚拟的、分布式的联合研究中心，使得不同地区、不同领域从事地震预测的研究人员，都能使用仪器设备、获取观测资料、使用计算设施和资源、方便地与同行交流切磋。

目前，地震预测作为一个既紧迫要求予以回答、又需要通过长期探索方能解决的地球科学难题的确非常困难。但是，值得庆幸的是，与40多年前的情况相比，地震学家今天面临的科学难题依旧，并没有增加；然而，这些难题却比先前暴露得更加清楚。20世纪60年代以来，地震观测技术的进步、高新技术的发展与应用，为地震预测研究带来了历史性的机遇。依靠科技进步、强化对地震及其前兆的观测、开展并坚持以地震预测实验场为重要方式的地震预测科学实验、系统地开展基础性的对地球内部及对地展的观测、探测与研究，坚持不懈，对实现地震预测的前景是可以审慎地乐观的。

◇国家对地震预报意见实行统一发布制度

地震预报是根据地震地质、地震活动性、地震前兆异常和环境因素等多种手段的研究成果，综合地震前兆监测信息，对未来可能发生的破坏性地震做出的时间、地点、震级和地震影响的预测。地震预报要指出地震发生的时间、地点、震级，这就是地震预报的三要素。完整的地震预报三个要素缺一不可。

通过长期的经验总结和研究，我国基本上形成了"长、中、短、临"的阶段性渐进式地震预报的科学思路和工作程序。

长期预报依据对研究区域内的历史地震活动资料的统计分析，对地质构造活动、其他地球物理场的变化、地壳形

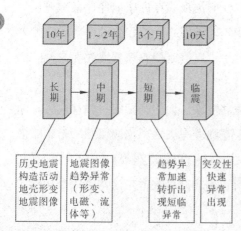

震预报工作程序及内容

变的观测研究，并考虑天体运动、地球自转等因素对数年至 10 年内强震活动的地区与强度进行趋势预测，划分监测重点区，为地震形势预测提供背景。

中期预报依据各种前兆趋势异常的时空分布特征及其时空演变特点，考虑研究区的地震地质构造、历史地震情况，对地震趋势进行综合分析与判定，预测 1 ~ 2 年内地震活动的趋势、水平、强度，圈定地震危险区，为短期预报提供依据。

短期预报是指对 3 个月内将要发生地震的时间、地点、震级的预报。继续追踪监视研究区的中期与短期异常的发展变化，进一步核定与分析各类异常的特征量，缩小预测区范围，进一步判定与修正对地震三要素的预测，为临震预报提供前提。

临震预报是在短期预测基础上，注意研究区内的突发性的异常特征和一定数量与范围的宏观异常现象，继续修正已预报的地震三要素，使预报时间缩短到 10 天之内，预测范围缩小至 100 ~ 200 千米，尽量减小预测误差，为临震决策提供科学依据。

《防震减灾法》（2008 年 12 月 27 日修订）第 29 条规定：国家对地震预报意见实行统一发布制度。

全国范围内的地震长期和中期预报意见，由国务院发布。省、自治区、直辖市行政区域内的地震预报意见，由省、自治区、直辖市人民政府按照国务院规定的程序发布。

除发表本人或者本单位对长期、中期地震活动趋势的研究成果及进行相关学术交流外，任何单位和个人不得向社会散布地震预测意见。任何单位和个人不得向社会散布地震预报意见及其评审结果。

◇地震的微观异常和宏观异常

地震前自然界出现的与地震孕育有关的现象称为地震前兆。地震前兆异常有微观异常和宏观异常。

（1）地震微观异常

人的感官无法觉察到，只有用专门的仪器才能测量到的地震异常，称为地震微观异常，主要包括以下几类：

地震活动异常——大地震虽然不多，中小地震却不少，它们之间是有一定联系的。研究中小地震活动的特点，可帮助预测地震。

地形变异常——大地震发生前，震中附近地区的地壳可能发生微小的形变，

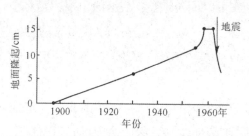

1964年日本新潟7.5级地震前的地壳形变

某些断层两侧的岩层可能出现微小的位移，借助于精密仪器，可测出这种十分微弱的变化，将这些资料进行分析，可帮助预测地震。

电磁场变化——在地震孕育过程中，震源区及其周围岩石的物理性质可能出现一些变化，利用精密仪器测定不同地区地电和地磁的变化，可帮助预测地震。

地下流体的变化——地下水（井水、泉水、地下岩层中所含的水）、石油和天然气、地下岩层中还可能产生和贮存了一些其他气体，这些均属于地下流体。用仪器测定地下流体的化学成分和某些物理量，研究它们的变化，可帮助预测地震。

（2）地震宏观异常

地震发生前，人们通过各种感官（视、听、嗅觉等）直接感觉和观察到的与地震有关系的一些反常现象，被称作地震宏观异常。比如，动物生活习性和行为的异样表现；花草树木不合时令的开花结果；井、泉、河水异乎寻常的涨落变化；地下水、河水变色变味等。不过，这些反常现象也可能与地震没有关系。

蚂蚁、蜜蜂等昆虫，对大震前的次声和超声振动会很敏感，会出现一些异常反应，例如，蚂蚁在旱季、有时在严冬季节惊慌搬家，甚至往人身上乱爬，蜜蜂不回巢。但要仔细地观察与分析其生存条件是否发生了变化，以免混淆弄错。

有些鱼类对大震前水中电位场变化具有灵敏的感觉，会出现异常反应。如，在晴朗多风的季节，各类鱼同时大规模浮头，甚至跳出水面，蹦到岸上。一般说来，泥鳅对地震的反应较为灵敏，应特别予以注意。

许多穴居动物也有明显的异常反应。如，蛇在冬眠季节出洞而冻僵或冻死。老鼠活动明显增多，很多老鼠表现出呆傻的现象，特别是到震前几天至发震前十几分钟，老鼠白天不怕人，成群结队过街搬家，有的屋内几十只老鼠惊慌逃窜等。

狗、猪、猫、牛、马、羊等家畜，鸡、鸽、鸭、鹅等家禽，在强烈地震发生前常常会出现异常反应。如，狗咬主人，猪不进食，牛马惨叫不进圈，鸡鹅高飞，鸟乱飞等。

在地震的孕育过程中，总伴随着一系列的物理和化学变化，其中有一些变化可能会改变植物的生长环境，从而促使植物在震前出现异常现象。其主要表现有：不合时令开花结果、重花重果、带果开花和非正常死亡等异常现象。

此外，有些地震可能还会产生气象异常、出现地光、地声等等前兆。比如，在气象方面，有时会出现震前闷热，久旱不雨或阴雨绵绵，黄雾四散，日光晦暗，怪风狂起，六月冰雹（飞雪）等等现象。

地震宏观异常极其繁杂，对地震有着良好的预警作用。在地震的预测预报中，地震宏观异常是一项重要的临震指标。

就目前的水平而言，现在拥有的地震预测预报方法绝大多数只能对地震孕育、发生的背景和趋势提供依据，对地震短临预报却力不从心。地震短临预测预报的成功与否，对是否能减轻地震灾害起着决定性的作用；而短临地震前兆的确定，又是实现地震短临预报的最关键的问题。与其他地震预测预报方法相比，地震宏观异常的优势恰恰在于它的临震显示作用。地震宏观异常绝大数多出现在地震前十几小时至几分钟，因此，在地震多发区、地震重点监视防御区和已发布地震预报的地区，及时发现、收集、分析、核实地震宏观异常，是实现地震临震预报的有效手段。

◇地下水异常现象不一定和地震有关

地下水泛指埋藏和运动于地表以下不同深度的土层和岩石空隙中的水，在地表表现为井水、泉水。地下水是水资源的重要组成部分，由于水量稳定，水质好，是农业灌溉、工矿和城市的重要水源之一。

地下水处于运动状态。因此，含水层中地下水与岩土颗粒之间发生各种各样的物理作用与化学反应。由于含水层的埋藏深度与岩性不同，地下水运动速度有差异，物理作用与化学反应的类型与强度也不等，导致不同含水层中的地下水具有不同的物理特性与化学组分，表现出颜色、味、嗅、透明度等不同。由于地下水储存并运动于地下深处，可把地震活动的信息带到地面上来。因此，很多地震前可以发现有些井水与泉水的物理化学特征发生明显的变化。这种变化，就是地下水的地震宏观异常。

在空间分布上，震前地下水异常点大都沿相关构造带展布，或呈象限性分布，临震前有从四周逐渐向震中高烈度区靠拢的趋势。

在较强地震发生前，地下水（包括井水和泉水）常常会出现明显的异常现象。一般在较大范围区域内出现不同的异常现象：有的井水水位迅速上升，溢出地面；有的井水则急剧下降，甚至井水干涸。在没有井的地方，有的会出现冒水。有泉水的地方，泉水有的会断流；有的水面上飘浮油花、冒气泡、水打转儿、变浑、有怪味、翻泥沙等；有的井水味由甜变苦，或由苦变甜；有时水温升高。

1966 年 3 月 8 日河北邢台 6.8 级地震前，50 多个市县发现地下水异常。主要是井水位大幅度升降：震中区及其邻近地区以上升为主，而外围则以下降为主，多在震前 1~2 天出现。

1975 年 2 月 4 日辽宁海城 7.3 级地震前约 1 个月，开始出现地下水异常，共 241 例，震前几天集中出现在海城、盘锦等地，井水有升有降，以升为主；井水打旋、冒泡、变浑、变味等现象也多见。

1976 年 7 月 28 日河北唐山 7.8 级地震前，在河北、山东、辽宁、吉林、江苏等广大地区，发现几百起地下水宏观异常，还有废井喷油、枯井喷气等异常现象。

但地下水出现异常现象，并不意味一定会和地震有关系，在实践中一定要注意分析和甄别。下面是有关学者总结的一些非震异常产生原因及鉴别方法：

（1）水位流量的变化

水位与流量的正常动态，主要受气候变化影响而具有周期性。其周期变化有多年的、一年的和昼夜的几种，特别对浅层水来说，表现更为明显。

地下水动态每年有一个高水位期和低水位期，我们要搞清水位流量发生的突然变化，必须将该井孔或本地区的正常规律调查清楚。这样，才能在对比中发现影响该井动态的异常原因。

造成地下水位、流量变化的原因一般有以下几种：

一是气象因素。主要受降雨影响，尤其是浅井，如果含水层里补给源较近，土质又多为砂土，降水时间稍长，水位、流量就会有很大反应。深水井一般离含水层补给源较远，上面往往能够覆盖较厚的隔水层，由当地降雨造成的补给比较困难，但降雨水体对地面形成的附加应力作用，可以使深井水位变化。此外，气压作用对水位也有影响，在低气压过程中，反应灵敏的承压井水位可能上升。

二是人为因素。人为因素对地下水的动态影响是重要方面，落实异常时必须特别重视。常见的人为因素有：地下水开采矿床输干等造成的水位下降，以及工农业季节开采造成的年度水位变化；水库放水、农田灌溉、油田回灌造成井水位的异常变化；井水管道、自来水管道的堵塞、破损等造成的水位、流量变化；人为工程改变了天然地下水动态，出现水位涌高及工程损坏等。

三是震后效应。一次大地震后，在震中区常因地震裂缝沟通造成地下水量、水质的变化。在大地震影响区，因面波造成的断层活动及地表土层形变使含水层连通或堵塞，造成的水位变化；遥远地震波造成的水震波效应，形成水位快速波动与水面振荡及发响等，都不是地震前兆，而是震后效应。

井水位异常有多种可能性。井水位在某一时段内下降过大的异常，常见于北方地区。当发现某一井水位下降幅度过大或下降速率过快时，可以从以下几个方面调查分析：首先进行测量，把井水位下降的时间、幅度或速率等特征记录下来。其次，分析是否与天气干旱有关，特别要注意以往的干旱年份是否出现过类似情况。调查该井附近是否有新井抽水或旧井增大抽水量，分析抽水井引起该井水位变化的可能性——如两井是否为同层水，两井间距的大小，抽水时间与井水位下降时间的关系等。必要时，可做抽水试验，进行验证。

如果分析结果否定了上述影响因素，则可怀疑这种异常与地震有关，接着调查以往地震前该井是否有过类似的异常。如果所在地区没有发生过较大地震，则可参考其他地区的井在地震前是否有过类似的异常。若有，则可认为是地震宏观异常。倘若没有，暂可不确定是地震宏观异常，但要继续关注其变化。

（2）井水发响、翻花、冒泡

地震前井水的翻花冒泡，一般是地下深处的气体上涌引起的。冒出的气体具有特殊的组分，有时温度还比较高，其规模与强度都较大，有时还伴随有响声，这有可能是宏观异常。

但有时见到的井水翻花冒泡，与地震无关，它一般在小规模、局部范围内出现，冒出来的气体多是空气或地表浅层产生的气体。在一些平原区或湖泊发育地区，地下浅处岩层中往往含有较多的有机质，如草木死亡后的堆积层。它们腐烂时，会放出一些气体如沼气等。这些气体，平时释放很弱，很分散，一般人们感觉不出来；但当气温特别高或岩层所处的环境发生某些变化时，它们就突然从某一口井中集中释放出来，导致井水翻花冒泡，严重时，井水面上出现旋涡与"呼隆呼隆"的响声。

井水发响较为常见，常出现于春或初夏，一般和地震无关，多为由上部含水层的水落入井水面引起。比如，一个地区有多层含水层，一口井揭露出两三个含水层，而主要出水层在下层时，如果上层水由于干旱或长期开采而成为无水的"干层"之后，当春季融雪水渗入上层或初夏第一场大雨渗入到上层时，上层由"干层"变成"水层"，层中的水将流向井中，但因井水主要为下层水，水面位于下层出水处，由上层流入井的水落入井中下层水面时发出响声。这种现象，在井口用多节电筒等照射井壁与井水面仔细观察后，不难核实。

（3）井水发浑

井水发浑变色等现象，要具体情况具体分析，并非都是地震宏观异常。

夏季井水发浑，多由井壁坍塌引起。暴雨季节，或由井口倒灌了地表的混浊水，或是含水层接受大量降雨渗入补给后水流变大、水流速度加快，把含水层内平时无法携带的微粒带入井水中，也可使井水发浑。

前些年，某地一口井，一度井水变黑、变味、变浑，引起一些人的恐慌，认为可能是地震宏观异常，但经核实后否定。原来，这口井所在地的地下水流的下方新打了几口井，由于连续抽水浇田，地下水位大幅度下降，含水层内水流速度加大，开始只是把含水层内的砂粒带进井水中；后来，含水层松动，牵动顶部含黑色淤泥质的黏土隔水层,将黑色富含有机质的黏土颗粒也带入井中,使井水发浑变黑,且有了怪味。

有些深井水变浑变色与水泵有关。水泵的叶轮常常是铝制的,当叶轮发生故障或磨损过大时,叶片被磨出很多细小的铝粒,悬浮在井水中,且随水流进自来水,使水变浑且呈灰黑色。

有些井水变浑与井管滤砂网因使用太久而破损有关。一般松散土层中的抽水井,在地下含水层深度段上一般都设有滤水管,其外包有金属制的滤砂网。滤砂网陈旧破损时,失去滤砂功能,使含水层中的细小砂粒流入井水中,导致井水发浑变色。当砂粒中含有较多云母片时,还会使井水闪闪发光。

（4）水质、水温的变化

地震前井、泉水温度突升,是由于含水层及其邻层受力状态发生变化,特别是微裂隙的产生或沟通深部含水层的断层破碎带松动,使深层热水上涌引起,但这种异常并不多见。

与地震无关的地下水的水质变化,大部分是由于各种污染（物理污染、化学污染、生物污染等）造成的,如变色、变味、出油等等;由于震后效应的影响,也可能引起井水的变味、变浑。

平时常见的井水温度突升,往往是由于冬季供暖水管破裂引起暖气水渗入浅层含水层,或井内泵头机械磨损与动力电漏电等引起的,特别是泵头机械摩擦引起的井水升温现象较多见。当井水长期被开采,井中水位逐渐下降,降到泵头附近时,部分泵头露出水面,水泵处于干磨状态,产生大量摩擦热,使抽上来的水升温明显升高,显然和地震没有任何关系。

◇识别动物异常和地震的可能关系

很多动物在地震前有明显的异常反应,可作为地震宏观异常,但动物异常行为并不都是地震宏观异常,诸如气候的突变、饲养状况的改变、环境污染等外界条件的改变,以及动物本身的生理变化、疾病等,也可以引起动物的异常。

1987年2月9日，有人发现，四川省广元市朝天镇的铁龙桥下，出现数以千计的癞蛤蟆聚会的奇观。这些大小不一的小动物，互相追逐，在桥墩周围的浅水中嬉戏，交配、产卵，这一现象持续2天之久。然而，经落实，这是与当年气候变化有关。当年气候比前一年同期偏高，从而导致穴居动物提前复苏出洞、交配，因此，据此排除了这是地震的前兆现象。

那么，该怎么准确识别动物异常能否作为地震前兆呢？

（1）蚂蚁和蜜蜂前兆异常的识别

昆虫类中，蚂蚁与蜜蜂具有群体生活习性，因而容易发现其异常。

蚂蚁的日常行为主要是垒巢与寻找食物。夏季，当天气转阴，即将下雨时，气压变低，温度升高，湿度增大，蚂蚁会成群结队地往高处搬家，到高处垒巢，向高处运食，其规模浩浩荡荡，这种现象一般不是地震宏观异常。然而，在旱季出现这种情况，则要考虑有可能为地震宏观异常。有时在严冬季节，蚂蚁们惊慌搬家，甚至往人身上乱爬，也可能是地震宏观异常。

蜜蜂一般天天早出晚归，忙于采蜜。当发现成批成群地早出晚不归时，就要注意是否为地震宏观异常。然而，有时蜜蜂得了流行病，成群幼蜂在箱内死亡，或蜂箱内钻进了有害的其他昆虫时，会出现晚不归的情况，甚至成千上万只蜜蜂远走高飞，不愿回巢。因此，发现蜜蜂不归时，要仔细观察与分析其生存条件是否发生了变化。在确定没有发生变化的前提下，才能考虑可能出现了地震宏观异常。

（2）鱼类异常的识别

常见的鱼类行为异常是鱼"浮头""跑马病""跳水""蹦岸"等。

鱼浮头在鱼塘中较为常见，多为鱼缺氧而浮出，特别是天气闷热、阴云密布、气压低时，水中氧气含量减少，鱼不得不浮上表层，从空气中呼吸氧气。然而，不同的鱼对缺氧的忍耐程度不同，一般鲫鱼最强，鲤鱼次之，鲢鱼再次，鳊鱼最弱。因此，不同的鱼浮头的时间也不同。如果在晴朗多风的季节，各类鱼同时大规模浮头，甚至跳出水面，蹦到岸上，有可能是地震宏观异常。一般说来，泥鳅对地震的反应较为灵敏，应特别予以注意。

跑马病指成群的鱼向岸边狂游的现象。这种现象多为鱼塘内鱼的密度过大，饵料严重不足引起，一般不是地震宏观异常。如果鱼塘内的水没有被污染，也不严重缺氧或缺饵料，出现成群的鱼浮头、跑马、跳跃、蹦岸，甚至大量死亡时，要特别注意，或许有可能是地震宏观异常。另外，无论是鱼塘、水库，还是江河湖海中，如果发现鱼特别容易上钩进网，捕鱼量大大增加，甚至在海中平时不易捕捞到的深水鱼也被捕到，这种不寻常的现象要考虑可能是地震宏观异常。

（3）蛙类和蛇类动物异常的识别

青蛙是最常见的两栖类动物，其地震宏观异常多表现为反季节的搬家。青蛙是冬眠的，如果在冬季发现青蛙活动，则可能是地震宏观异常。在青蛙繁殖季节，有雄蛙爬在雌蛙背上，好像"大蛙背着小蛙逃难"的现象；还有些雨蛙、树蛙有爬树现象，这些都是蛙类正常生活习性，不是地震异常。

爬行类中最常见的是蛇，蛇的地震宏观异常多为冬眠季节爬出洞。有时，非冬季发现成群的蛇集体搬家，也可能是地震宏观异常。

（4）鸟类异常的识别

鸟类中以鸡、鸭、鹅、鸽的异常为多见。

鸡在天气将要阴雨时，往往不愿进窝，甚至高飞上树；有时鸡窝中出现黄鼠狼、蛇等动物或天空有猛禽飞过时，鸡会惊叫，乱跑乱飞，这些都是外界干扰引起的假异常。但成群的鸡无缘无故地鸣叫，乱跑乱飞，飞上房顶，飞上树梢，甚至高空长飞等，有可能是地震宏观异常。

鹅、鸭是喜水家禽，平时喜水善游，安详从容，如果突然惊飞下水或惊叫上岸，甚至赶不下水等，可能是地震宏观异常。

鸽子不进窝，或窝中乱飞乱叫，甚至冲破网笼远飞离去等，有可能是地震宏观异常。有时飞来一些不合时令的候鸟，或出现从未见到的野鸟，或有时成群的野鸟在林中悲叫不止，可能也是地震宏观异常。

（5）哺乳类动物异常的识别

哺乳类动物中以鼠、狗、猫与大牲畜的异常为多见。

鼠类一般夜间活动，胆小怕人。如果大群老鼠旁若无人地在白天活动，惊慌失措，成群搬家，甚至把小鼠搬到有人的住室或床上等，就要考虑可能是地震宏观异常。夜间，成群的老鼠在屋内外乱跑乱叫，甚至跑到人身上，也可能是地震宏观异常。

狗一般见到生人或受到惊吓时才狂叫。如没有特殊情况发生，狗成群地满街疯跑，乱嚷狂吠，乱咬人，甚至连主人也咬，或不停地扒地嗅味，流泪哀叫等，就可能是地震宏观异常。

猪的习性是贪吃贪睡，性情懒惰，如果无缘无故地不吃食，不睡觉，甚至刨地拱圈，越栏而逃，惊恐乱跑等，可能是地震宏观异常。

发现牛、马、骡、驴等牲畜惊慌不安，不进厩，不吃料，惊车嘶叫，挣断缰绳逃跑等，也要考虑有可能是地震宏观异常。但是要注意的是，这些牲畜在发病时或发情时，也可能会有类似的表现。

◇判断地声现象和地震的可能关系

由地震造成的声音叫作地声。人们很早就注意到地震前出现的地声现象，并利用地声作临震预报。

我国史书上记载地声的例子很多。古人描述："每震之前，地内声响，似地之鼓荡"；"将震之际，平地有巨大风声怒吼"。《魏书·灵征志》记载：山西"雁门崎城有声如雷，自上西引十余声，声止地震"。清朝乾隆年间的《三河县志》记载 1679 年三河 8 级地震前的情景："忽地底如鸣大炮，继以千百石炮，又四远有声，俨然十万军飒沓而至，余知为地震……"1976 年 7 月 28 日唐山大地震前五六个小时，不少人也听到特别奇怪的声音。

地声，同其他声音一样，也是由于振动引起的。地震前，由于地壳中岩体的脆弱部位首先发生断裂或滑擦，引起的声现象，是地震孕育过程中的一种物理现象，也是一种地震先兆现象。注意观测地声，对地震预报和预防有重大意义。

我国已有很多利用地声成功预测地震的先例。

1855 年 12 月 11 日，当时辽宁金县发生了 5～6 级地震，房屋倒塌了 567 间，震中区的居民由于利用地声进行了预防，因此，没有造成一个人因地震死亡，只伤了 7 人。

1830 年 6 月 12 日河北磁县发生 7.5 级大震，震前人们听到地声如"雷吼"，若"千军涌溃，万马奔腾"，于是"争先恐后，扶老携幼，走避空旷之区"，紧接着发生了"屋宇倾颓，砖瓦雨下"的地震灾害。

1975 年 2 月 4 日辽宁海城 7.3 级地震也出现了明显的地声现象：大震发生时，极震区听到类似岩石破裂时的"咔嚓"声，外围区听到闷雷似的声响；震前 2 分钟，在本溪听到如狂风似的呼啸声。

唐山大地震前，滦南县有位中学教师，凌晨两点钟听到隆隆的地声后，立即喊醒周围所有的人离开建筑物，到空旷地带躲避。结果，凌晨 3 时 42 分，大地震就发生了。

据地震调查，地声有各种不同的声音特征，而且同一地震在不同地区人们听到的地声往往不同，而不同时间同一地区的地震往往具有相同的声学特征。说明地声与构造、岩性、作用力大小、物体共鸣与反射等因素有关。基岩出露地区比厚沉积层易于传送地声。

地声多出现于临震前 10 分钟以内（占总例数的 78%），个别地声出现于几小时之前。地声出现的范围可达到距震中 300 千米处，但越接近极震区越多。

在震中区或近震中的范围内能普遍听到地声。极震区的人不能辨出声音发出的方向，而远处的人则往往认为可以辨认。随着距震中的远近不同，所听到的地声也不一样。比如，有的类似闷雷声，有的类似远雷声，有的像岩石破裂时的"咔嚓"声，有的则是隐隐有声。在靠近震中的地方，大震前可以听到像狂风、雷声、坦克开过来的声音，像开山炸石的沉闷爆炸声等。

地声和人们日常生活中经常能听到的声音有明显的区别，多半声音沉闷，而且震级越大越沉闷，声音也越大。

◇作为前兆的地光与常见发光体的区别

伴随地震而出现的发光现象叫作地光。有关地光现象的资料古今中外都有记载。

比如，1975 年 2 月 4 日辽宁海城 7.3 级地前，从丹东到锦县、大连至沈阳的广大地区都能见到地光，在海城、营口一带十分普遍，震时地光照亮全区，如同白昼一般。震前一天开始在海城、盘锦等地见到大量火球由地面升空，其状如球、锅盖、电焊光、信号弹等多种，还可见篮球大小的火球在地面上滚动，碰到物体就爆炸。

1976年7月28日河北唐山7.8级地震前一天开始，震中及其外围上百千米范围内出现大量的地光现象，发震当晚更为强烈，约60％的人见到了地光。滦南县内，震前6小时看到庄稼地上空8～9米高处闪现一片蓝光，持续2～3秒；震前5小时，乐亭县见到一条红黄相间的光带，像架空电线着了火似的；在昌黎县，震前2小时见到一条很长的白色闪光，瞬间照亮一大片天空。

关于地光的成因尚无定论，目前主要是电磁发光现象和可燃物质氧化燃烧现象两种说法。在地震孕育发展过程中，可能引起电磁发光现象，如地下电流异常、岩石粉尘摩擦生电、空中电异常、地下石英的压电效应造成空气电场异常、放射性物质引起的低空大气电离现象等。

地光除在震前出现外，在地震时和地震后也可能看到地光。地光的颜色以蓝色、红色较多，白色、黄色、橙色、绿色较少些。

从地光的外表形状来看有五种：第一种是球状光。它是呈圆球形，红色，像火团，又像信号弹，主要是从喷沙冒水口和地裂缝中喷出的，升到空中后立即消失。第二种是片状光。它是成片闪光，主要从地裂缝中发出，随地裂缝的张合而闪动，并伴有"咔咔"的声音，远看有如火光冲天。第三种是条状闪光。看到时银白色或红黄色（也有浅黄色和紫色的），好像雷电或电弧的闪光，它是随着地声和地面的振动一闪一闪的，地面振动一结束，条状闪光也随着消失了。第四种是带状光。它在天空出现时象一条细长的光，闪动时是一条光带一起闪动的，与其他几种不同。第五种是柱状光。它的颜色是白色的，形状像火炬一般，自地面向上升腾。

地光往往在地震前几秒钟至几分钟内出现。因此，一旦发现地光，应立即撤离危险建筑，到安全的地方去。

地光异常是重要的短临前兆，容易与地光异常混淆的现象有霞、虹、闪电、极光、黄道光、流星、电线走火、电焊光等，必须认真区别。

霞是指早晚太阳升起或落山之前地平线上空出现的云彩。它与地光的主要区别是：霞出现的时间与地点较固定，色彩排列有规律。晚霞的颜色从地平线开始按"红→橙→黄→绿→青"顺序向上排列，有时缺某一两种颜色，但其排列顺序不会改变；早霞的颜色与晚霞一样，但排列顺序相反。

虹是雨后天晴时的大气光学现象，一般呈带状，是太阳光按一定角度照射在水滴上并经折、反射作用而生成的。一次折射后生成的虹带，"内紫外红"；二次折射后生成的虹带，"内红外紫"。其与地光的区别是：虹出现在雨后晴天，持续时间较长，色彩特征明显。

闪电是雷雨季节大气中出现的瞬间强烈的大气放电现象，其形状多样。闪电与地光的区别是：闪电多出现在雷雨季节有云天气，一般出现在空中，由上向下，运动速度极快；地光出现在地面，由地面向上运动，运动速度较慢。

极光常出现于春分与秋分前后的高纬度地区（如我国的黑龙江、新疆、内蒙、吉林等）夜晚的天空中，景色瑰丽，鲜艳夺目。这种光是太阳微粒辐射作用于地球高层大气时，高空大气发光产生的。它与地光的差异是：除了在一定地区、一定季节与一定方位上出现之外，高度很高，一般在离地面 80～1000 千米高空中。

黄道光是春分前后黄昏之后，沿着山巅向西望，或在秋分前后黎明前站在山顶上向东望时，在地平线上可见的锥形暗弱的光辉。这种光除出现的时间与地点较固定外，主要是辉光较弱，持续时间不长。

流星常见于晴朗的夜晚。它是太空中的岩石碎片（一般很小）落入地球大气层后，与大气发生强烈撞击磨擦燃烧引起的现象。它与地光（火球）的差异在于：地震火球（直径一般 20 厘米以上）要比流星（一般在几个厘米之下或更小）大得多；地震火球（十几至几十米每秒）要比流星（大于几十千米每秒）运动速度慢；地震火球（通常高度只有几十米）要比流星（通常上百千米）出现的位置低。

平时还可见到高压输电线走火发光的现象，此为输电线遭雷击，导线上出现的高压引起线路短路或局部熔化烧断引起；或线路绝缘子表面被微尘、废气等导电物质附着包围，遇到潮湿空气导电而发光；还有大风天气两根输电线摆动碰撞发光等等。这种现象只出现在高压输电线上和在特定的天气中，而且其颜色多为蓝色，十分耀眼。

闪光可能是在夜间焊接作业时发出的电焊光，这种光出现的位置明确，辉光照射的范围十分有限，强度一般比地光弱。

生物也有发光现象。某些海洋生物，如海绵、水螅、海生蠕虫螺、海蜘蛛及某些鱼类等，都能在夜间发光。但它们发出的多是冷光，颜色以淡蓝色为主，红色与橙色等很少。作为地震宏观异常出现在海面上的地光，多固定在一定范围内，不会随生物群落的运动而迁移，而且发光强度很大，有时还伴随有火球、光柱等现象，易与生物发光区别。

除了上述发光现象外，有时可见塔尖、树梢、桅头等高尖建筑物或构筑物尖端放电发光，飓风登陆、大风天气扬雪粒或砂粒、大规模雪崩和火山喷发时，也会出现大气发光现象。它们都与地光不同。

再次强调，千万不能盲目地把一切"闪光"现象都归结为地光，否则，就会引起不必要的慌乱，带来不应有的麻烦。

◇非震宏观异常现象的一般特点

我们平时所观察到的"宏观异常"，大多数和地震没有关系。有时，由于人们对非震宏观异常不能及时加以区别，往往引起不必要的紧张。一些地震工作者也往往面对接连而至的异常信息真假难辨，影响了对震情做出正确的判断。因此，对非震宏观异常进行深入研究，对于人们及时识别真假异常、掌握震情是非常必要的。有学者总结了非震宏观异常的如下一些基本特点：

（1）异常幅度低

与地震宏观异常相比，非震异常幅度一般较低，其异常反应难以达到非常强烈的程度。

例如，往年井水位在雨后上升变化 0.8 米，今年雨后上升 0.6 米或 1.0 米，一般都不是异常，这样的差异都属于正常动态变化的范围。但是如果井水位上升了 2 米或 3 米，则需"另眼看待"了，查一查以往有没有此类现象，特别是没有地震的年份出现过没有。若没有，才可考虑可能是宏观异常。

一般情况下，地震宏观异常对大地震反映有着特别明显的异常幅度，对中强以上的地震，特别是 7 级以上的强烈地震有着超乎寻常的反应强度，其异常数量之多，范围之广，程度之烈，绝非一般非震异常所能比拟。

宏观异常在震前发生强烈反应的原因可能出自以下两个方面：

一是一般的地震活动不足以激起地球物理—化学场的强烈变化。只有在较大地震前，在地壳应力场发生剧烈大调整的情况下，才可能导致地面异常区内种种宏观异常现象发生。当然，有些较高烈度的浅源小地震，也会引发一定数量的宏观异常。那也是由于（孕震）震源浅而在地表能引起强烈反应的结果。

二是一般数量和程度的宏观异常，不足以引起人们的注意。只有大量的高强度异常，才会引起人们广泛的关注，进而导致异常尽可能多的被发现。

非震性宏观异常与地震异常在成因上有着根本的区别，它是由近地表多种因素共同影响所产生的结果。所以，与地震异常相比，其异常种类和异常形态都表现出较明显的随机性特点。因此，非地震宏观异常的形成缺乏统一的形成机制和剧烈的应力活动背景，它的形成和分布是随机和零散的，很难给人形成强烈的印象。

其实，若没有地球应力场的强烈变化，引起大范围、大幅度变化强烈的宏观异常也不大可能。此外，对于人类生活而言，即使是地壳应力场的局部调整，反映在地球表面，也是相当大的范围。由区域地表因素引起的异常，与大面积普遍发生的地震宏观根本无法比较。个别表现较为强烈的非震性宏观异常，毕竟是小概率事件，既不会改变非震异常的特征，更不会对异常属性的总体判断产生影响。

（2）异常种类单一

非震性宏观异常表现出强烈的单一性。

首先是表现为异常种类的单一性，这是因为各类宏观异常有其特定的形成机制，局部干扰因素，不可能像地震因素那样引起全面的异常反应。

另一方面，还表现为单一异常种类的单一异常形态。以地下水异常为例，特定的时空区域内出现的异常可能以翻花、冒泡为主，也可能以水位升降为主，更多是以单一的水位上升或下降较为常见。这是由于在一定地表因素支配下，单一地质结构很少能导致地下水同时发生多种变化的缘故。

（3）异常不会随着时间的推移呈现有规律性发展趋势

地表干扰因素是随机干扰，干扰消失，异常不复存在，或者自然界新的平衡建立，原来的"异常现象"发生另外的转化，以新的方式正常存在下去。大震前的宏观异常，随时间的推移而发展，反映了震前应力场孕育发展的内在规律。具有从孕育、加强到爆发的阶段性发展过程。因此，由随机干扰引起的宏观异常，也不可能像地震异常那样有其特有的发生发展规律。

◇做好地震宏观异常的核实工作

在实际工作中经常会发现，各类宏观异常出现之后，并没有发生地震。注意观察的话，几乎天天都可在某些地方发现某种宏观异常现象，但破坏性地震并不天天发生。在全国范围内，较多时一般也不过一年发生一两次，少时几年发生一次；对一个地区而言，常常是几十年乃至几百年甚至一两千年才会发生一次破坏性地震。这说明，引起宏观异常的原因可能是多种多样的，地震活动只是其中原因之一。

2002 年 5~6 月，四川省凉山州地区出现较多的宏观异常现象，在西昌、普格、冕宁、宁南等地共出现 80 多起，其中到现场落实的就有 40 多起。这些现象中有泉池水变浑，溶洞水流量剧减，井水自溢自喷，老鼠成群搬家或乱闹，燕子夜宿电线上不归巢，一些不明种属的透明蠕虫（个体长约 1 厘米，粗约 1~2 毫米）绞成一股粗 2~3 厘米、长达几米的绳状群体由地下爬出后"集体"迁移等等。这些现象，在空间上多沿活动断裂带出现；时间上表现为数量日渐增多，由 5 月中旬的每天仅 1~2 起，到 5 月下旬多到每天 8~10 起，到 6 月上旬最多时达每天 20 起。到 6 月 10 日晚 10 时 20 分左右，在西昌市的邛海，出现半夜鱼跳"龙门"的非常壮观的异常，在长约 3 千米、宽超百米的水面上，有成千上万条鱼蹦出水面，最大的蹦起三四米高。当渔船穿过该区查看时，竟然有几百斤鱼落在了船上。于是，有学者提出"未来一周内，在当地有可能发生大于 6 级地震"的预测意见。但是，随后，预测中的地震并没有发生，各类宏观异常也几天后全部消失。这次异常可能只是一次强烈的地质构造活动的反映。

判定观察和观测到的自然界异常变化是否与未来的地震有关，常被称为"地震宏观异常识别"。它是地震宏观异常测报工作中的重要环节。地震宏观异常有时稍纵即逝，很多具有地震预报意义的宏观异常极易被忽视。许多地震前的宏观异常现象都是当事人震后回想起来的，而在当时并没有在意。

识别宏观异常时，要防止两种倾向：一种倾向是震情不紧时，虽然出现了宏观异常，但不注意、不重视，没有识别出来；在震情紧张时，又容易出现另一种倾向，即把正常变化当作宏观异常看待。震情紧张时，有些人容易"见风就是雨"，缺乏科学的态度。

识别宏观异常，一定要结合当地当时的具体情况，抓住本质的变化。有些宏观异常虽然也很显著，以前从没有见过，但也可能与未来地震无关，而只是由当地当时某些特殊原因造成的。因此，要把识别出的宏观异常判定为地震宏观异常，就要做好异常的核实与震兆性质的判定工作。

被发现的异常，按其性质与显著性等可分为一般异常与重要异常。一般异常指异常幅度或速率不大，初步判定为可能属长期、中期与中短期性质异常；重要异常指异常幅度或速率很大，初步判定为多具短期、短临乃至临震性质的异常。

对被判定为可能具有震兆性质的异常，还要进一步确认其震兆性质。这一工作，可从如下三个方面进行：

一是可比性震例的存在。与本观测网点的震例作比较，如曾出现过类似的异常并对应地震，则可确认其具有震兆性质，并可认为具有较高的信度；

二是与本地区其他网点同类测项的震例相比较，如找到类似的震兆异常实例，则可认为其具有震兆性质；

三是与国内外同类测项的震例作比较，如找到类似的震兆异常实例，则也可认为其具有一定的震兆性质。

在本网点的其他测项，如本地区其他网点的同测项或其他测项同期存在震兆性异常时，可认为该异常具有震兆性质的可能性较高。

根据现有的前兆映震理论，如能对某异常可作出科学的合理解释时，则可认为该异常具有震兆性质的可能性较高。

◇开展地震群测群防工作具有非常重要的意义

地震灾害是自然灾害之首，严重威胁人民生命财产安全和社会经济发展。最大限度减轻地震灾害，是全人类的共同愿望。全社会共同关心防震减灾工作，是构建安全和谐社会的必然要求。地震群测群防工作是防震减灾工作的重要组成部分，是建立健全防震减灾社会动员机制和社区自救互救体系的重要内容。

我国的地震群测群防工作是在 1966 年邢台地震之后起步的。做好地震群测群防工作，对动员全社会积极参与防震减灾工作起着非常重要的作用。温家宝总理曾指示："要认真研究新形势下如何开展地震群测群防工作，进一步发挥群测群防在防震减灾，尤其是在地震短期和临震预报中的作用。"《中华人民共和国防震减灾法》明确规定："国家鼓励、引导社会组织和个人开展地震群测群防活动，对地震进行监测和预防。"加强群测群防的工作，可以弥补我国专业地震监测台网的不足，提高群众的防震减灾意识，有利于做好防震减灾工作。

根据以往经验，群测资料在多次成功地震预报中发挥了不可取代的作用。根据地震现场考察，很多中强地震以前，都有不同程度的宏观异常显示，这些宏观异常的收集报送主要靠群众测报队伍。例如，1976 年龙陵 7.3、7.4 级地震，1994 年台湾海峡 7.3 级地震、1998 年宁蒗 6.2 级地震，1999 年岫岩 5.6 级地震和 2000 年姚安 6.5 级地震等，群测点都起到了重要的作用。

实践证明，群测群防为我国成功地预报地震积累了丰富的经验，构成了中国地震工作的一大特色，在地震预报工作中有重要意义。

首先，我国幅员辽阔，而专业前兆台网密度不足。地方台、企业台和大量的群众观测点，弥补了专业台网和手段的不足，提高了我国地震的监测预报能力。其次，由于群众观测队伍和掌握地震知识的广大群众分布广、控制范围大，熟悉当地情况，同地方政府联系密切，又接近震区等多种因素，因此群测群防队伍在地震短临预报中发挥着专业队伍难以替代的作用。

群测群防队伍在上情下达和下情上报方面能起到关键作用。特别是在震兆突发阶段，由于临震异常表现十分暂短，只有一两天的时间甚至几个小时，大量宏观异常的收集，如何在极短的时间内发现、核实、上报是至关重要的。因此，地震发生前后，群测群防队伍在当好参谋，组织群众防震抗震方面有着重要作用。

宣传普及地震知识，提高全民的防震减灾意识。无论是建立在学校、工矿企业，还是建立在广大农村、机关事业单位的群测群防点，在进行宏、微观地震前兆观测的同时，也是宣传普及地震知识的重要场所。

为了做好地震群测群防工作，各市、县地震部门应根据本地区地震灾害环境背景，积极推进地震群测群防网络建设，建立相应的地震群测群防网络体系。在地震重点监视防御区和多震区，应全面开展地震宏观异常测报、地震灾情速报、防震减灾科普宣传和社区地震应急、乡（镇）民居抗震设防指导等工作。在少震、弱震地区，应重点开展防震减灾科普宣传、乡（镇）民居抗震设防指导工作。地震重点监视防御区和重点防御城市的社区和多震地区的乡（镇），应该设立防震减灾助理员，建立志愿者队伍，开展防震减灾宣传和地震应急工作。

◇保护好地震监测设施和观测环境

根据《防震减灾法》《地震监测管理条例》等有关法律法规和规章的规定，任何单位和个人都有保护地震监测设施及其观测环境的义务；禁止任何单位或者个人危害、破坏地震监测设施及其观测环境；任何单位或者个人对危害、破坏地震监测设施及其观测环境的行为，都有权检举、控告。"三网一员"人员尤其要积极协助有关部门做好这方面的工作。

地震监测设施是指按照地震监测预报及其研究工作的需要，对地震波传播信息和地震前兆信息进行观测、储存、处理、传递的专用设备、附属设备及相关设施，如各类地震仪及配套设备设施，观测重力场、地磁场、地电场、地应力场等地球物理信息以及地壳形变、地球化学成分等变化的仪器和设备装置、配套设施等。地震监测设施大体可分为三类：

（1）固定台站地震监测设施

每个地震台至少有一种或多种观测手段。就地震观测而言，就有多种地震仪及其一定规模的场地和配套设施，如记录近地震的短周期地震仪、记录远地震的中长周期地震仪和记录大地震的强震仪等，以及与之相配套的各种装置系统。

（2）遥测台（点）地震监测设施

是指设置在遥测台（点）的仪器设备及附属装置，这些遥测台（点）采用先进的遥测技术进行观测。

（3）流动观测地震监测设施

是指通过定期野外观测方式，进行地壳形变、地磁、地电、重力等项目观测的野外标志以及配套设备、设施、观测场地及专用道路等。

地震监测设施能够正常工作所要求的周围环境，就是人们常说的地震观测环境。它是由保证地震监测设施正常发挥工作效能的周围各种因素的总体构成的。用于记录地震活动和捕捉地震前兆信息的各类地震观测仪器和设备，需要在能够排除各种干扰因素并准确地接收、记录到真实地震信息的环境下工作。例如，测震仪器（地震仪）记录地震波信号，要求地震台（站）附近一定范围内不能有人为振动源（如爆破、各类机动车辆、各类机械生产的振动等），以免影响仪器正常工作，或是产生各种干扰掩盖了地震信息。

地磁仪、地电仪观测的是地球的磁场、电场信号，要求台址附近一定范围内，不能有影响仪器正常工作的人为磁场和电场干扰（如车辆、电缆电器设备、大量铁磁性物体等）。在地壳形变、重力测量点周围一定范围内，不得施工、堆放物品。在地震观测用井（泉）附近或相通含水层，不得大量取水和污染水源等。

地震观测环境具体地又可分为内环境和外环境两类。

所谓内环境，是指仪器工作地点附近的环境，一般指观测系统特别是观测仪器放置处的小环境。为了确保其符合法规和技术标准的要求，一般在观测站点选址建设时就采取了必要措施，力求在观测实施过程中，确保其环境参数的变化在可以控制的技术指标范围内。

所谓外环境，是指观测站（点）以外的周围空间，一般是指人为活动可能对地震观测过程造成不利影响的一定空间范围环境。

在观测站（点）建设过程中，要依据国家法律法规和技术标准的要求，采取必要的规避措施或技术手段来保障观测站（点）符合环境要求。当观测站（点）建成后，如果附近要建其他各种工程设施，其选址和施工必须遵照国家法律法规的规定，符合技术标准的要求，或者退让，或者采取必要的技术手段，使可能的干扰源处于要求的空间范围之外，以保障地震观测不受各种干扰影响。

地震观测环境的保护范围，是指地震监测设施周围不能有影响其工作效能的干扰源的最小区域。地震观测环境应当按照观测手段、仪器类别以及干扰源特性综合划定保护范围，通常用干扰源距地震监测设施的最小距离划定地震观测环境保护区。这些最小距离的要求，应在相关法律、法规、规章和技术标准中予以规定。对于在法律、法规、规章和技术标准中没有明确规定的有关地震观测环境保护最小距离的一些干扰源，如建筑群、无线电发射装置等，则要通过县级以上地震部门会同有关部门按照国家标准《地震台站观测环境技术要求》规定的测试方法和相关指标进行现场实测确定。

除符合相关法律法规规定的建设活动外，禁止在已划定的地震观测环境保护范围内从事下列活动：

——爆破、采矿、采石、钻井、抽水、注水；

——在测震观测环境保护范围内设置无线信号发射装置、进行振动作业和往复机械运动；

——在电磁观测环境保护范围内铺设金属管线、电力电缆线路、堆放磁性物品和设置高频电磁辐射装置；

——在地形变观测环境保护范围内进行振动作业；

——在地下流体观测环境保护范围内堆积和填埋垃圾、进行污水处理；

——在观测线和观测标志周围设置障碍物或者擅自移动地震观测标志。

一旦发现可能危害、破坏地震监测设施及其观测环境的行为，任何公民都有义务尽快向当地政府、地震部门或公安机关报告。

五、重视抗震设防，提高城乡抵御地震破坏的能力

◇加强设防是减轻地震灾害最有效的方式

建筑的地震灾害与抗震设防标准、工程质量有直接关系。按照抗震设防要求和抗震设计规范进行抗震设计和施工的建筑，以及进行了抗震加固的建筑，在地震中的破坏程度，明显要比未进行抗震设防的同类房屋轻。因此，建造抗震能力好的建筑是减轻震害的根本途径之一。

建造抗震能力好的建筑是减轻震害的根本途径之一

从全球的重大地震灾害调查中可以发现，95%以上的人员伤亡都是因为建筑物受损或倒塌所致。因此，提高建筑物的抗震能力非常重要。

2010年1月12日的海地7.0级地震，造成数以十万计的人员死亡。据报道，海地85%医生丧生，绝大部分政府部长级高官失踪，至少300万民众在地震中失去住所。

2010年1月12日，海地发生毁灭性的地震

118

　　而 2001 年 3 月，美国西部西雅图也曾发生过一次 7.0 级地震，地震时仅造成一人死亡，但并非建筑物倒塌砸死，而是受地震刺激，心脏病发作身亡。

　　1988 年，前苏联亚美尼亚共和国发生的 6.9 级地震，造成列宁纳坎市 80% 的建筑物倒塌，2.5 万人死亡，2.0 万人严重伤残；然而，美国旧金山 1989 年一次 7.1 级地震，仅死亡 63 人。

　　1983 年智利瓦尔帕莱索市发生 7.8 级强烈地震，100 万人口的城市仅造成 150 人死亡；中国唐山市的震级和人口完全相同，唐山地震却造成 24 万人死亡。

　　造成这种差异的主要原因，是发达国家更重视抗震设防，抗震设防没有仅停留在口头上，而是真正落实到实际行动中，做到建筑选址科学化，建筑设计有人审查，建筑材料有保证，施工质量有核查。显然，设防不设防，效果大不一样。

　　地震灾害的惨痛教训让人们深刻地认识到，加强抗震设防，把房子盖得结实，远比盖得漂亮和盖得高大更加重要。严格执行抗震设防标准，把房子盖得足够结实，把桥梁、水坝等各种建设工程建得足够坚固，提高建设工程抵御地震破坏的能力，当地震来袭时不被破坏或者受影响程度很轻，能够达到减少人员伤亡和财产损失的目的。

　　然而，虽然多年来世界各国一直都在致力于抵御地震灾害，但是在一次又一次的地震灾害中仍遭受着惨痛的损失。经过反思，至少有几个方面的问题值得我们重视：

　　（1）地震防灾的社会意识需要加强

　　与台风、雨雪等灾害相比，地震虽然破坏性极大，但强震发生的概率相对较小，短则数十年、长则数百年甚至上千年才发生一次，且通常没有预警预报。因而，人们容易遗忘地震，平时往往抱有侥幸心理，认为地震离自己很远，没有必要太紧张。在购买住房或建造自居住房时，大部分人关心的是房子的价格和环境，而对房子是什么结构，是否抗震却很少考虑。通过加强宣传，提高民众的抗震设防意识是非常有必要的。

（2）抗震设防的科技水平亟待提高

建筑物的抗震设防标准，是依据科学统计分析而计算出的地震危害程度，并综合考虑经济与风险等因素而决定的。但是，现在普遍存在这样一个问题，就是有些突发性地震，实际地震烈度有可能超过设防标准。在灾害发生前，地震究竟会造成多大震害，应该采取什么等级的合理设防措施，还需要深入研究，提供尽可能可靠的依据。

（3）经济发展水平制约抗震设防能力

在经济不发达的地区，许多房屋的建造往往是能省则省，抗震安全问题只作为次要因素。目前这种情况在许多地区依然是较为突出的问题。尽管大家十分清楚抵御地震灾害必须加强设防，可是设防工作将增加建设成本，没有一定的经济能力支撑，难以做到，难以做好。

据统计，地震所造成的人员伤亡，95%以上都是因为建筑物受损或倒塌所引起的。因此，科学设防是抵御地震灾害的最直接有效的方式。事实证明，通过建筑物的抗震设防，是减轻地震灾害损失最有效的途径之一。

地震灾害危及全人类，科学设防与我们每一个人都息息相关。在我国城镇化快速发展时期，房屋建造量巨大，加强抗震设防，保障人民群众生命财产安全，意义将更加重大。

◇中国古人积累的建筑抗震经验

在中国，历强震而不倒的古建筑决非罕见。我国许多古代建筑都成功地经受过大地震的考验，如天津蓟县独乐寺观音阁、山西应县木塔、山西洪洞县广胜寺飞虹塔等建筑，千百年来均经历过多次地震仍然傲然屹立。

位于天津蓟县盘山脚下的独乐寺，始建于唐代，寺内的观音阁和山门重建于辽代。自重建以后千余年来，独乐寺曾经历了28次地震，其中清康熙十八年（1679年）三河、平谷发生8级以上强震，蓟县城内官民房屋全部倒塌，只有观音阁不倒。1976年唐山大地震，观音阁及山门的木柱略有摇摆，但整个大木构架安然无恙。

位于山西省应县城西北佛宫寺内的应县木塔，建于辽清宁二年（1056 年）。据史书记载，在木塔建成 200 多年时，当地曾发生过 6½ 级地震，余震连续 7 天，木塔附近的房屋全部倒塌，只有木塔岿然不动。20 世纪初军阀混战的时候，木塔曾被 200 多发炮弹击中，除打断了两根柱子外，没有造成其他损伤。

过去的人们没有条件对这些奇迹做出科学的说明，所以流传着不少迷信的说法。其实，现在看来，这些古建筑之所以能经受住多次地震的袭扰，并不是因为它们处于某种神秘力量的庇护之下，而是由于它们结构合理、地基坚实、抗震性能良好的缘故。

中国古代对重大工程，除了在选址方面相当讲究外，还特别重视建筑物的基础，汉、唐遗址中的夯土台保留至今仍旧结实坚硬。

中国古代建筑一般由台基、梁架、屋顶构成，高等级的建筑在屋顶和梁柱之间还有一个斗栱层。历史上，很多带斗栱的建筑都能抵御强烈地震，比如山西大同的华严寺，在没有斗栱的低等级附属建筑被破坏殆尽的情况下，带斗栱的主要殿堂仍能幸存。斗栱不但能起到"减震器"的作用，而且被各种水平构件连接起来的斗栱群能够形成一个整体性很强的"刚盘"，把地震力传递给有抗震能力的柱子，大大提高了整个结构的安全性。

山西应县木塔高 60 余米，900 多年来多次经历破坏性地震，《应州志》记载"塔历屡震，而屹然壁立。"除了结构上的抗震优点外，应县木塔基础的处理也是别具一格的。据推测，由于这个地区地下水浅，木塔的基础采用桩基础，其上再用石料砌成方形阶基，阶基高出地面 1.5 米左右后，改砌为八角形，两层阶基总高近 4 米。与塔高相比，木塔的基础范围并不大。测量表明，建塔初期的沉降是均匀沉降，而 900 多年来其基础未见任何特殊变化，这表明木塔基础的设计施工具有相当高的水平。

在结构设计方面，中国古建筑甚至达到了炉火纯青的境界。河北赵县横跨滚水的赵州桥至今已有 1300 多年的历史，它独特的拱洞式结构早已举世闻名。1966 年 3 月邢台 7.2 级地震，它距震中不到 40 千米，受到这次强烈地震的袭击后，大桥岿然不动，表现出良好的抗震性能。

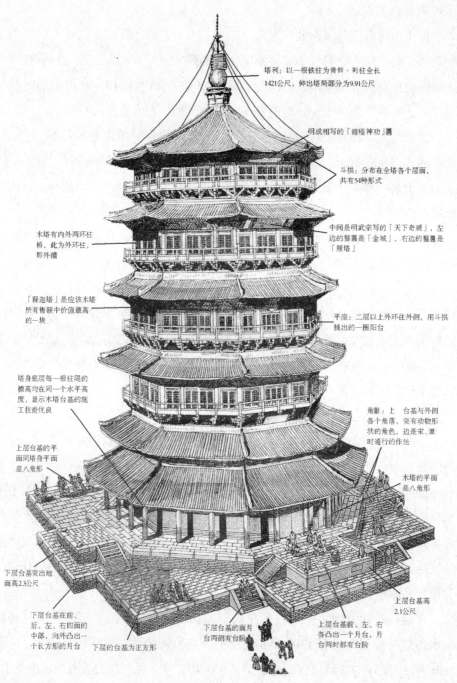

塔刹：以一根铁柱为骨幹，刹柱全长
1421公尺，伸出塔局部分为9.91公尺

明成祖写的「峻极神功」匾

斗拱：分布在全塔各个层面，
共有54种形式

木塔有内外两环柱
桥，此为外环柱，
即外槽

中间是明武宗写的「天下奇观」，左
边的竪匾是「金城」，右边的竪匾是
「雁塔」

「释迦塔」是应该木塔
所有售额中价值最高
的一块

平座：二层以上外环往外侧，用斗拱
挑出的一圈阳台

塔身底层每一根柱隐的
標高均在同一个水平高
度，显示木塔台基的施
工技術优良

角獸：上 台基与外侧
各个角落，突有动物形
状的角色，边是宋、遼
时通行的作法

上层台基的平
面同塔身平面
星八角形

木塔的平面
是八角形

下层台基突出地
面高2.3公尺

上层台基高
2.1公尺

下层台基在前、
后、左、右四面的
中部，向外凸出一
个长方形的月台

下层的台基为正方形

下层台基的面月
台两侧有台阶

上层台基前、左、右
各凸出一个月台，月
台两侧都有台阶

山西应县木塔

　　材料的选择对于提高建筑的抗震性能具有重要的意义，这一点很早就为中国人所注意到了。中国传统的殿阁楼台都是以天然木材为主的柔软建筑。这一方面是由于取材方便，更重要的则是出于抗震的考虑。史书记载："以台地沙土浮松，不时地动，故以树为城。" 我国古代木结构建筑有不少经历了数百乃至上千年仍然岿然屹立。

　　在汶川地震后，当地的许多木结构建筑的柱子就发生了移动，但是建筑本身没有倒塌。这种特点使人们在大地震过后经常看到"墙倒屋不塌"的景象。

　　木结构建筑确实有较好的抗震性能，在地震多发的日本，低矮的木结构建筑较多。但是人生活在地球上并不是只有地震这一种灾害要面对，房屋建筑还要满足防风、防雨、防火、防虫蛀等多种要求，这样看，木结构建筑的功能就显得单一了。因此，目前世界上的主要建筑还是以砖混建筑为主。

　　过去中国平民阶层的住宅，多是土房、砖房建筑。深受地震之苦的人民在材料、砌筑方法和结构布局上积累了相当丰富的经验。以土房为例，广泛流传的经验就有：体型要简单整齐，隔墙布置要密，门窗要小，土质黏性要大，土中掺麦秸和稻草以提高强度，砌土坯像砌砖一样错缝，土墙顶部加木圈梁，等等，这些处理大大地提高了房屋的抗震能力。

　　在抵御地震灾害的实践中，中国人积累了许多极为宝贵的经验，这些经验表现在工程选址、地基、结构以及材料等许多方面，这些经验直到今天对我们仍然具有重要的参考价值。

◇地震基本烈度和地震动参数区划图

　　近几十年来，"基本烈度"这一概念已为工程界普遍接受并广泛使用。在我国的工程抗震设计规范中，设防地震就是以"基本烈度"的形式体现的。随着地震科学事业的发展，基本烈度的概念没变，但含义却在不断地丰富和发展着。

　　我国许多地区是强震活动区，建筑物和人民生命财产常受到地震的威胁。在这样的地区进行建设时，就需要考虑建筑物的抗震措施，以确保人们的生活与生产安全。为此，设计工程师首先要知道建设场区的地震基本情况。具体来说，就是要掌握基本烈度。

为什么称基本烈度呢？因为它不是某一次地震影响所导致的烈度，而是用统计学方法计算得来的综合烈度，即在今后若干年内，这一地区可能遭遇到的最大危险烈度。加上"基本"两个字，是为了与一般使用的烈度区别开来。

20世纪50~60年代，确定地震基本烈度主要是依靠大量的历史地震资料。根据资料确定每次地震在各地造成影响的程度，分析地震的频率，及其他地震活动特征，再结合当地地质构造运动的特点，并根据场地是在地震活动区还是在地震影响区给予加权，最后确定基本烈度。

《中国地震目录》（1960年版）第二集——《分县地震目录》中，列举了各县的地震破坏、影响情况，并尽可能提出了该县基本烈度的初步意见，供建设部门使用。

为了满足大规模工程建设的需要，20世纪50年代编制了"中国地震烈度区划图"。原始图是以历史地震统计方法得到的综合烈度图为基础，结合地质构造条件类比而成，所用的划分标准是基本烈度。这种图没有时间限制，若用于大规模长远建设规划，是没有问题的；但做为具体建筑物的抗震设计使用时，有时则不能满足工程师们的要求。他们所关心的，往往是建筑物的有效使用寿期内，有无遭遇地震危险的可能，以便在设计时考虑抗震安全措施。各种建筑物都有一定的使用寿命，短的不过一二十年，如轻纺工业或火电厂厂房建筑等；也有数十年至数百年的，如大型水坝和铁路桥梁等。如果在建筑物使用寿期内不致遭遇危险地震，就无须考虑抗震措施，以便节省资金。很明显，建筑设计工程师所需要的地震区划图是要附有明确的时间概念的，例如标明10年、20年、50年或100年内可能遭遇的最大地震烈度。

从1972~1976年，国家地震局编图组完成了1:300万的地震区划图，这是描绘了初具时间概念的地震基本烈度区划图。图中表示的地震基本烈度的含义是：未来百年内，平均土质条件下，场区可能遭遇的最大地震烈度。该图作为中小工程抗震设防的依据，一直沿用到1991年。

众多的观测事实和研究结果都表明，地震的发生和地震动的特性，以及结构破坏都具有一定的随机因素，目前还不能做出精确的预测，必须用可靠性理论和方法来处理。到 20 世纪 80 年代，国内外在地震区划图的编制技术和方法上有了新的进展，工程结构力学和抗震设计也发展到了以极限状态为安全标准的概率设计阶段。为了适应工程建设抗震设计的实际需要和地震科学的发展水平，国家地震局重新编制了具有概率含义的《中国地震烈度区划图（1990）》。该图所标示的地震烈度值系指 50 年期限内，一般场地土条件下，可能遭遇超越概率为 10% 的烈度值，即达到和超过图上烈度值的概率为 10%。50 年超越概率为 10% 的风险水平，是目前国际上一般建筑物普遍采用的抗震设防标准。

2001 年 8 月 1 日，吸收了新的、大量的地震基础资料及其综合研究成果，与国际接轨，采用国际上最新的编图方法制定的国家标准《中国地震动参数区划图》（GB18306-2001）颁布实施。它以地震动峰值加速度和地震动反应谱特征周期为指标，将国土划分为不同抗震设防要求的区域。

前面提到的几代区划图的编制，反映了中国地震科学发展的不同阶段，以及中国同国际地震区划研究不断接轨的过程。然而，前几代区划图没有着重考虑地震区划的综合防震减灾作用，特别是没有充分考虑地震区划图在保障国民生命安全方面所起的作用。

目前，我国新一代《中国地震动参数区划图》编制的工作已经完成，正在履行相关发布程序。这已是我国第五代地震区划图。在编制新区划图的过程中，考虑了中国大陆活动断层的分布特点与活动性质、地震类型与发生频率、地震动衰减关系等因素，确定了全国各地房屋、建筑、设备设施抗震设防的具体要求。新版地震区划图的发布，将进一步提高我国的抗震设防标准，提升地震灾害预防能力。

◇ **把地下搞清楚，地上搞结实**

地震灾害主要是由于工程结构物的地震破坏。因此，加强工程结构抗震设防，提高现有工程结构的抗震能力的工程性措施，是减灾的重要手段。建设工程抵御地震破坏的能力与工程选址、抗震设计、施工质量等环节息息相关。工程性防御措施是针对房屋和建设工程采取的预防地震灾害的措施，具体地说就是："把地下搞清楚，把地上搞结实"。

"把地下搞清楚"是地震灾害防御的基础性工作。目前采取的重要工作之一是编制地震区划图。运用地震工程学、地震学、地震地质学等领域的理论和方法，通过探明地下结构，研究岩层结构、断裂分布和断层活动性，分析当地的地震环境和可能遭受的地震危险性，并充分考虑一般建设工程的特性和可接受的风险水平、社会经济承受能力及所要达到的安全目标等因素，综合分析后得出在未来当地可能遭受的地震危险程度，把国土划分成不同危险性等级的区域，并且描绘在地图上，称为地震区划图。

区划图是一般建设工程必须达到的抗震设防要求，是重大建设工程规划和选址的依据，也是编制社会经济发展规划和国土利用规划等工作的基础。对于一般工业与民用建筑工程，可以按照区划图给出的数值进行抗震设计和施工。

"把地下搞清楚"的另外一项重要工作是地震活动断层探查。1971 年美国圣费尔南多地震、1994 年美国北岭地震和 1996 年日本阪神地震后，人们意识到活动断层、地形地貌对地震灾害有非常大的影响。在活动断层普遍发育、新构造运动强烈的地区，大地震将会使该区岩层断裂、错动；在岩石破碎、地形陡峭的崖坎或岸边，容易引起地震崩塌；在土质松软、地下水丰富，且有一定坡度的山区或丘陵，地震时容易出现滑坡或坍塌。另外，在活动断层的两端、两条活动断层交叉之处以及活动断层中某些特殊构造部位，往往容易再次发生破坏性地震。查明活动断层的分布并鉴别它们的具有发震危险性，是判定地震潜在危险地点（段）的一种主要方法。

场地条件对于建设工程抗震设防至关重要。因此，工程选址是工程建设过程的一个重要环节。对于一般工业与民用建筑，合理避开地震活动断层，并按照地震区划图规定的基本抗震要求，进行设计和施工，就可以实现抗震设防的最低目标。但是，对于重大工程和可能产生严重次生灾害的建设工程，比如大型桥梁、水坝、核电站等等，则必须精心选择工程场址，开展专门的工程场地地震安全性评价工作，确定抗震设防要求，进行抗震设防。

"把地上搞结实"是防御与减轻地震灾害的最关键环节。通俗地说，就是把房子盖得足够结实，把桥梁、水坝等等各种建设工程建得足够坚固，当地震来袭的时候不被破坏或者受影响程度很轻，从而达到减少人员伤亡和财产损失的目的。

"把地下搞清楚"是"把地上搞结实"的基础，因为只有清楚掌握当地的地震危险性，才能有针对性地进行建设工程的抗震设防，在既经济合理又科学有效的原则下，提高房屋和其他各种建设工程抵御地震破坏的能力。

◇严格按照抗震设计规范进行建设施工

简单地说，抗震设防就是为达到抗震效果，在工程建设时对建筑物进行抗震设计并采取抗震设施。抗震措施是指除地震作用计算和抗力计算以外的抗震设计内容，包括抗震构造措施。《建筑抗震设计规范》规定，抗震设防烈度在Ⅵ度及以上地区的建筑，必须进行抗震设防。

抗震设防要求是指经国务院地震行政主管部门制定或审定的，对建设工程制定的必须达到的抗御地震破坏的准则和技术指标。它是在综合考虑地震环境、建设工程的重要程度、允许的风险水平及要达到的安全目标和国家经济承受能力等因素的基础上确定的，主要以地震烈度或地震动参数表述，新建、扩建、改建建设工程所应达到的抗御地震破坏的准则和技术指标。

建筑工程抗震设防包括两方面的工作内容：一是确定抗震设防要求，指建设工程抗御地震破坏的准则和在一定风险水准下抗震设计采用的地震烈度或地震动参数；二是依据抗震设计规范进行抗震设计，抗震规范是建设工程达到抗震设防要求所遵循的原则和具体技术性规定。

抗震设防通常通过三个环节来达到：确定抗震设防要求，即确定建筑物必须达到的抗御地震灾害的能力；抗震设计，采取基础、结构等抗震措施，达到抗震设防要求；抗震施工，严格按照抗震设计施工，保证建筑质量。上述三个环节是相辅相成、密不可分的，都必须认真进行。

抗震设防目标是指建筑结构遭遇不同水准的地震影响时，对结构、构件、使用功能、设备的损坏程度及人身安全的总要求。建筑设防目标要求建筑物在使用期间，对不同频率和强度的地震，应具有不同的抵抗能力：对一般较小的地震，发生的可能性大，所以又称多遇地震，这时要求结构不受损坏，在技术上和经济上都可以做到；而对于罕遇的强烈地震，由于发生的可能性小，但地震作用大，在此强震作用下要保证结构完全不损坏，技术难度大，经济投入也大，是不合算的，这时若允许有所损坏，但不倒塌，则将是经济合理的。因此，中国的《建筑抗震设计规范》中根据这些原则将抗震目标与三种烈度相对应，分为三个水准，具体描述为：

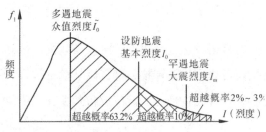

抗震目标三水准示意图

第一水准：当遭受低于本地区抗震设防烈度的多遇地震（或称小震）影响时，建筑物一般不受损坏或不需修理仍可继续使用；第二水准：当遭受本地区规定设防烈度的地震（或称中震）影响时，建筑物可能产生一定的损坏，经一般修理或不需修理仍可继续使用。第三水准：当遭受高于本地区规定设防烈度的预估的罕遇地震（或称大震）影响时，建筑可能产生重大破坏，但不致倒塌或发生危及生命的严重破坏。——即达到"小震不坏，中震可修、大震不倒"的建筑抗震设防目标。

这里的小震，指低于设防烈度1.5度左右的地震；中震指相当于设防烈度的地震；大震指高于设防烈度1度左右的地震。比如，作为抗震设防烈度为Ⅷ度的北京市，如果受到一次6.5度的地震影响时，房屋应该基本完好或不用修理可继续使用；如果受到Ⅷ度左右的地震影响时，房屋可能损坏，经一般修理或不需修理仍可继续使用；而当遭遇到Ⅸ度地震影响时，房屋不致倒塌或发生危及生命的严重破坏。

抗震设计中，根据使用功能的重要性把建筑物分为甲、乙、丙、丁四个抗震设防类别。甲类建筑应属于重大建筑工程和地震时可能发生严重次生灾害的建筑；乙类建筑应属于地震时使用功能不能中断或需尽快恢复的建筑；丙类建筑应属于除甲、乙、丁类以外的一般建筑；丁类建筑应属于抗震次要建筑。

各抗震设防类别建筑的抗震设防标准，应符合下列要求：

甲类建筑，地震作用应高于本地区抗震设防烈度的要求，其值应按批准的地震安全性评价结果确定；抗震措施，当抗震设防烈度为Ⅵ~Ⅷ度时，应符合本地区抗震设防烈度提高一度的要求，当为Ⅸ度时，应符合比Ⅸ度抗震设防更高的要求。

乙类建筑，地震作用应符合本地区抗震设防烈度的要求；抗震措施，一般情况下，当抗震设防烈度为Ⅵ~Ⅷ度时，应符合本地区抗震设防烈度提高一度的要求，当为Ⅸ度时，应符合比Ⅸ度抗震设防更高的要求；地基基础的抗震措施，应符合有关规定。对较小的乙类建筑，当其结构改用抗震性能较好的结构类型时，应允许仍按本地区抗震设防烈度的要求采取抗震措施。

丙类建筑，地震作用和抗震措施均应符合本地区抗震设防烈度的要求。

丁类建筑，一般情况下，地震作用仍应符合本地区抗震设防烈度的要求；抗震措施应允许比本地区抗震设防烈度的要求适当降低，但抗震设防烈度为Ⅵ度时不应降低。

当抗震设防烈度为Ⅵ度时，除规范有具体规定外，对乙、丙、丁类建筑可不进行地震作用计算，但仍采取相应的抗震措施。

◇高度重视地震安全性评价工作

在19世纪末20世纪初，世界上发生的一系列著名大地震——1891年日本名古屋地震、1906年旧金山地震，特别是1908年的意大利大地震（摧毁了墨西拿城及其周边地区，夺去了83000人的生命），催生了建筑物结构抗震设计。

政府通过颁布规范、法规的形式干预抗震工作大体开始于19世纪末20世纪初。但随着地震以及计算科学技术的发展，抗震设计规范经历了一系列更趋于科学合理的变化。目前，如何使建筑物能够有效地抵御强烈地震的袭击，减轻地震灾害已为世界越来越多的国家政府所重视，抗震设计规范大都以法令、法规的形式颁布。

随着科学技术发展水平的进步，抗震设计规范也在不断的发展和完善。世界各国政府十分重视对地震灾害的防御，力求能够将最新科学研究成果及时有效地应用于抗震设计，最大限度地抵御强烈地震的袭击，减轻地震灾害。特别是我国，最近十多年来，修订颁布了连续修订了建（构）筑抗震设计规范以及一些行业抗震设计规范。

UDC

中华人民共和国国家标准

P   GB 50011-2010

建筑抗震设计规范

Code for seismic design of buildings

2010-05-31 发布   2010-12-01 实施

中华人民共和国住房和城乡建设部
中华人民共和国国家质量监督检验检疫总局   联合发布

建筑抗震设计规范

UDC

中华人民共和国国家标准

P   GB 50191-2012

构筑物抗震设计规范

Code for seismic design of special structures

2012-05-28 发布   2012-10-01 实施

中华人民共和国住房和城乡建设部
中华人民共和国国家质量监督检验检疫总局   联合发布

构筑物抗震设计规范

工程建设场地地震安全性评价是指对工程建设场地进行的地震烈度复核、地震危险性分析、设计地震动参数的确定、地震小区划、场址及周围地质稳定性评价及场地震害预测等工作。其目的是为工程抗震确定合理的设防要求，达到既安全、建设投资又合理的目的。工程建设场地地震安全性评价是抗震设防工作的一

项重要内容。

地震安全性评价对于建设工程的合理布局、工程场址的选择、提高抗御地震灾害的能力、减轻地震灾害损失具有重要作用。《防震减灾法》规定，重大建设工程和可能发生严重次生灾害的建设工程以及核电站和核设施建设工程，必须进行地震安全性评价；并根据地震安全性评价的结果，确定抗震设防要求，进行抗震设防。但是，由于防震减灾法有关地震安全性评价的规定比较原则，在实际操作中出现了一些问题，如，一些重大建设工程和可能发生严重次生灾害的建设工程不依法进行地震安全性评价；对从事地震安全性评价的单位缺乏规范化的管理，难以保证地震安全性评价的质量；依据地震安全性评价结果确定的抗震设防要求在建设项目审批中得不到体现，并与建设工程设计规范相脱节；因此，为了加强对地震安全性评价的管理，防御与减轻地震灾害，保护人民生命和财产安全，根据《中华人民共和国防震减灾法》的有关规定，我国还专门制定了《地震安全性评价管理条例》。

考虑到我国幅员辽阔，各地自然地理环境、地震环境和经济发展水平不同，《地震安全性评价管理条例》对必须进行地震安全性评价的建设工程范围作了细化，即：国家重大建设工程，受地震破坏后可能引发水灾、火灾、爆炸、剧毒或者强腐蚀性物质大量泄露或者其他严重次生灾害的建设工程，受地震破坏后可能引发放射性污染的核电站和核设施建设工程以及省、自治区、直辖市认为对本行政区域有重大价值或者有重大影响的其他建设工程，都必须进行地震安全性评价。

在对地震安全性评价单位的管理方面，《地震安全性评价管理条例》确立了资质管理制度。这主要是考虑到地震安全性评价工作涉及人民生命和财产安全，是科学、合理地确定建设工程抗震设防要求，保证建设工程质量的基础，是一项包含地震学、地震地质学、工程地震学等多个专业学科的综合性技术工作。因此，《地震安全性评价管理条例》规定，从事地震安全性评价的单位必须取得地震安全性评价资质证书，方可进行地震安全性评价。同时，《地震安全性评价管理条例》对地震安全性评价单位应当具备的资质条件及国务院地震工作主管部门或者省、自治区、直辖市人民政府负责管理地震工作的机构对资质申请进行审查的程序作了明确规定。

地震安全性评价单位对建设工程进行地震安全性评价后，应当编制该建设工程的地震安全性评价报告。

地震安全性评价报告应当包括：工程概况和地震安全性评价的技术要求、地震活动环境评价、地震地质构造评价、设防烈度或者设计地震动参数和地震地质灾害评价等方面的相关内容。

为了保障建设工程按照抗震设防要求进行抗震设防，《地震安全性评价管理条例》对地震安全性评价工作的监督管理措施作了明确规定。根据《地震安全性评价管理条例》规定，县级以上人民政府负责项目审批的部门，应当将抗震设防要求纳入建设工程可行性研究报告的审查内容。对可行性研究报告中未包含抗震设防要求的项目，不予批准。《地震安全性评价管理条例》还规定，国务院建设行政主管部门和国务院铁路、交通、民用航空、水利和其他有关专业主管部门制定的抗震设计规范，应当明确规定按照抗震设防要求进行抗震设计的方法和措施。

联合国秘书长安南在国际减灾十年活动论坛开幕式上讲话指出："防御不仅比灾后救助更人道，而且代价更低。"依法进行建设工程抗震设防和地震安全性评价，为建设工程提供科学、安全和合理的抗震设防依据，对最大限度地减轻地震灾害损失，保护人民生命财产的安全，保障改革、发展、稳定的大局具有重要意义。

◇地震安全性评价的内容和方法

工程场地震安全性评价是根据对建设工程场址和场址周围的地震与地震地质环境的调查，场地地震工程地质条件的勘测，通过地震地质、地球物理、地震工程等多学科资料的综合评价和分析计算，按照工程类型、性质、重要性，科学合理地给出与工程抗震设防要求相应的地震动参数，以及场址的地震地质灾害预测结果。地震安全性评价工作的主要内容包括：工程场地和场地周围区域的地震活动环境评价、地震地质环境评价、断裂活动性鉴定、地震危险性分析、设计地震动参数确定、地震地质灾害评价等。

工程场地地震安全性评价是一项专业性强的技术工作，技术复杂、科技要求高、综合性强，从事工程场地地震安全性评价的专业技术人员应当在相关的科学技术领域有较高的理论水平、丰富的实践工作经验和综合分析能力；同时，必须

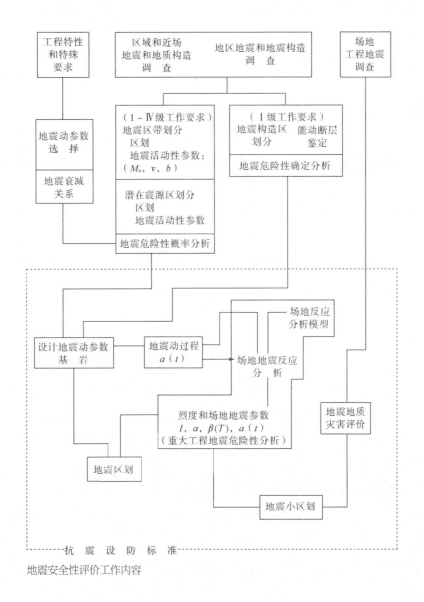

地震安全性评价工作内容

熟悉相关的法律法规，遵循相应的技术准则。工程场地地震安全性评价工作的技术要求、技术方法包括：收集、整理、分析相关学科资料的范围、资料的内容、资料的精度、图件比例尺的规定，工程场地所在区域范围、近场区范围的限定，野外地震地质调查和勘察、场地工程地震条件勘测、年代样品采集与测试等工作内容、工作方法、工作量及工作深度等的要求，室内分析计算和综合研究的方法步骤、模型建立、评价结果表述等工作的具体规定，这些都是工程场地地震安全性评价工作必须遵循的技术准则。

工程场地地震安全性评价工作主要包括：重大工程场地地震安全性评价、区域性地震区划、地震小区划、地震动峰值加速度复核等。不同重要性的建设工程，遭遇地震破坏后引起的人员伤亡、财产损失、社会影响以及可能发生次生灾害的严重性等后果差别很大，因此对不同重要性的建设工程，必须有不同的抗震设防要求，开展技术方法、内容、基础资料精度及研究程度不同的工程场地地震安全性评价工作。

如核电站和极其重要的特大型水库等，一旦遭遇地震破坏后将导致极其严重的后果，可能会引发极其严重的次生灾害，造成巨大的人民生命财产的损失，对社会产生巨大的影响。对这类工程的抗震设计有严格的要求，国际上也有相关的规则，要采用极低的地震风险水平来确定抗震设防要求，根据抗震设防要求进行科学、认真、严格的抗震设计。因此必须进行最为详细、最为深入的工程场地地震安全性评工作。

134

对于面广量大的一般建设工程，由于破坏性地震是小概率事件，虽然小地震的发生频率高，发生的地域广，但小地震的影响范围有限，破坏性地震的发生频率较低，发生的地域有限，在某些特定的地区遭受大地震的可能性较低，因此，对于数量巨大的一般建设工程，只要按照现行《中国地震动参数区划图》确定的设防要求进行抗震设计和施工建设，在遭遇地震后产生严重破坏的可能性就会缩小，也不太可能产生严重的次生灾害，某些特定的、个别的一般建设工程的破坏，也不会对社会产生巨大的影响，按标准设防将会把地震造成的损失降低到一定的程度之内。因此，这类建设工程无须对每个工程都进行详细的地震安全性评价工作，对其中某些建设工程需要进行的工程场地地震安全性评价工作，主要是复核中国地震动参数区划图提供的地震动峰值加速度。

对社会有重大价值或有重大影响的重大建设工程，遭遇地震破坏后会造成国民经济的较大损失，造成重大的人员伤亡，产生较大的社会影响，如地震破坏后可能引发水灾、火灾、爆炸、剧毒或者强腐蚀性物质大量泄漏和其他严重次生灾害的建设工程，使用功能不能中断或需要尽快恢复的重要生命线建设工程等。对这类建设工程的抗震设防要求，虽然不如核电站等工程的设防要求高，但应该采用比一般建设工程高的抗震设防标准。因此，这类建设工程的工程场地地震安全性评价工作，就要有一定的详细程度和工作深度的要求。

不同重要性的建设工程，抗震设防要求和抗震设计方法不同，对基础资料的精度要求和地震安全性评价要提供的抗震设计参数也就不同。例如，对某些结构自振周期比较长的建设工程，如超高层建筑、大跨度的桥梁、高耸结构的电视塔等，这类工程对地震长周期成分响应比较强烈，在进行工程场地地震安全性评价时，应当特别仔细地考虑长周期的地震动参数，提供能充分反映长周期地震动对工程结构作用的场地相关反应谱；而对于一般的建设工程的抗震设计，只需根据中国地震动参数区划图的要求，提供地震加速度峰值和反应谱特征周期。

总之，考虑到建设工程的重要性、遭遇地震破坏后的严重性以及工程的结构特征和抗震设计的要求，兼顾建设工程的政治、社会和经济性，对不同建设工程应做不同深度、精度、程度要求以及不同内容的地震安全性评价工作。

综合各方面的因素，工程场地地震安全性评价工作划分为以下四级：

I级工作包括地震危险性的概率分析和确定性分析、能动断层鉴定、场地地震动参数确定和地震地质灾害评价。适用于核电厂等重大建设工程项目中的主要工程；

II级工作包括地震危险性的概率分析、场地地震动参数确定和地震地质灾害评价。适用于除I级以外的重大建设工程项目中的主要工程；

III级工作包括地震危险性的概率分析、区域性地震区划和地震小区划。适用于城镇、大型厂矿企业、经济建设开发区、重要生命线工程等；

IV级工作包括地震危险性的概率分析、地震动峰值加速度复核。适用于一般建设工程。

◇地震小区划是一项基础性的工作

地震小区划是对某一特定区域范围内地震影响的分布。地震小区划的目的是为城镇、厂矿企业、经济技术开发区等土地利用规划的制定提供基础资料，为城市和工程震灾的预测和预防、救灾措施的制定提供基础资料，为地震小区划范围内的一般建设工程的抗震设计提供设计地震动参数。

地震小区划与全国地震区划的共同之处为：都是为一般建设工程提供抗震设防要求，为抗震设计提供设计地震动参数。但二者工作的细致程度、工作深度和工作内容有很大差别。全国地震区划是在平均场地条件下，对全国范围内的地震安全环境进行的区域划分；地震小区划是对某城镇、厂矿或开发区范围内的地震安全环境进行区划、确定这一范围内可能遭遇的地震影响的分布，包括设计地震动参数的分布和地震地面破坏的分布。因此，地震小区划应包括地震动小区划和地震地质灾害小区划。

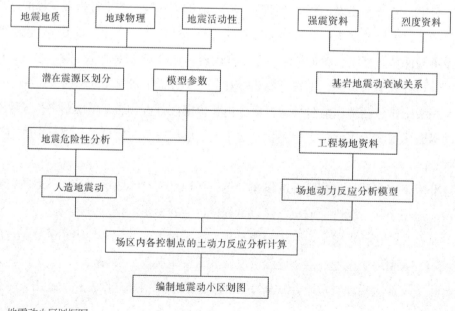

地震动小区划框图

地震小区划是在局部范围分清对抗震有利或不利的场地，着重研究场地条件对地震烈度的影响。影响地震烈度的场地条件固然复杂，但概括起来，主要有三个要素：

（1）地基土质

早在 1906 年旧金山地震和 1923 年关东地震之后，人们就意识到地基土质对震害的影响。日本学者注意到刚硬地基对柔性结构有利，而软弱地基对刚性结构有利；还认为在不同性质的地基土（包括土质和覆盖厚度）的情况下，地面振动有不同的卓越周期，而卓越周期又可以从平时地脉动中测出，并从理论上提出，卓越周期是由于地震波在地基土层的表面和基底岩层界面之间的多次反射所形成，因而与覆盖土层的厚度有密切关系。

美国自 20 世纪 30 年代以来发展了地震反应谱理论，并取得了大量的强震地面运动观测记录，在此基础上研究了地面运动峰值、地震反应谱特性、地震持续时间等要素与地基土类别的关系。通常把地基土按其坚硬程度，从基岩到软弱土层分为 3 ~ 4 类，利用强震观测记录做出统计分析。一般的结论是，基岩上的运动具有频率较高、频带较窄、持续时间较短的特点；而在软弱土上的情况则相反。大量的宏观现象表明基岩上建筑物的破坏要比一般土层上小得多。在理论工作方面，流行的方法是假定地震波以剪切波的形式从基岩竖直射入表土层，再根据波传播理论计算地面的运动过程及其频谱特征。这样，土壤的分层及其刚度的变化都能得到反映。应用同样的理论，可以根据在地面上的观测记录反演基岩界面上的运动。目前的研究已进入到地震波入射角度的影响和表面波的影响，以及土层变化的二维和三维问题。

饱和砂土的液化是地基土质影响中的一个独特问题。砂土的稳定是依靠砂粒间的摩擦力来维持的。在地震的持续震动之下，砂土趋向密实，迫使孔隙水压力上升、砂粒间的压力和摩擦力减小，进而使砂土失去抗剪能力，形成液态，失去稳定。因此液化的形成决定于地震的强度和持续时间、砂粒的大小和密度、砂层的应力状态和覆盖厚度等等因素。在宏观现象上，砂土液化表现为平地喷砂冒水，建筑物沉陷、倾倒或滑移，堤岸滑坡等等。1964 年美国阿拉斯加地震、1964 年日本新泻地震、1975 年中国海城地震和 1976 年中国唐山地震都有饱和砂土的液化现象。探明液化机理，寻找预测、预防措施，成为各国重视的课题。

（2）地形

由于一般城镇多半建设在平坦地区，地形问题不大为人重视。但中国地震区有很大一部分布于崇山峻岭，地形十分复杂，城镇村落无法避开，地形的影响值得重视。中国的历次大地震的经验表明，孤立的小山包或山梁顶上的烈度比山下较高。反过来，低洼地的烈度是否低则不甚明显。从地震波的传播来探讨地形影响的研究已经有人进行，但做出结论为时尚早。

（3）局部地质

最主要的是断层影响。地面上的断层随处皆有，但有活动与否、深浅、大小、破碎带宽窄、断面倾角陡缓等有所差别。地震时断层对烈度、对震害的影响如何目前尚不清楚。宏观现象表明，紧靠地震断裂两侧的震害是严重的，如中国1970年通海地震、1973年炉霍地震均如此。强震观测亦表明，断裂两侧的地面震动是剧烈的，如美国帕克菲尔德地震和圣费尔南多地震均如此。但在一些地震时没有活动的断层上就看不出有震害或震动加剧的现象。研究难点在于在地震发生之前，无法预测哪些断层会在地震时活动，因而如何对有断层通过的场地进行评价还是一个未知数。此外，地震时山崩滑坡在很大程度上取决于局部地质，如岩层的形成和风化历史、岩质和倾角等等。这个问题的研究对山区地震很重要，但研究者甚少。

地震小区划必须针对具体场地开展更加深入细致的工作，针对性更强、考虑的因素更多、精度要求更高。与全国地震区划相比，地震小区划具有以下特点：

一是地震小区划重视场地工程地质条件，特别是局部场地条件对地震破坏作用的影响。

二是地震小区划更为详细地研究周围地震活动环境、地质构造环境，分析近场区范围内的地震活动特征、鉴定活动构造的活动性质。

三是进行其较全国地震区划更为详细地对地震危险性做出分析，并把地震环境和场地条件密切地结合起来，选择合适分析的计算模型，进行土层地震反应分析。

四是其区分不同的地震破坏作用，对地面断裂错动、滑坡、崩塌、地基土液化和软土震陷得地震地质灾害进行评价。

五是其编制的比例尺远大于全国地震区划的图件比例尺，通常视地震小区划范围的大小来选择合适的比例尺，如某些范围较小的地震小区划的图件比例尺达到 1∶50000 ～ 1∶10000。

◇进行活动断层探测是减轻地震灾害的主要途径

活动断层又称活断层。一般是指晚更新世（约 10 万年）以来曾经活动，未来仍可能活动的断层。活断层探测工作是指适用于地震监测预报、震害防御、城市减灾、国土规划、重大工程选址、工程抗震设计等方面的活动断层定位、活动性鉴定、断层危害性分析和实时监测等工作的总称。

活动断层是引发地震、地质灾害的决定性因素。断层错动引发的地面振动和错动会导致地面建构筑物的破坏。活动断层沿线是地震、地质灾害分布最严重的区段。

地震地质工作实践总结表明，地震不仅与地质构造有一般的空间关系，而且还与其特殊的发震部位有关，这些特殊构造部位更易于地应力的集中，地震最可能在这些部位发生。这些部位分别是活动断裂带的交汇部位、活动断裂带曲折最突出的部位、活动断裂带端部和闭锁段、活动断裂带的错列部位。

尽管我们现在仍不能准确地预测地震未来发生的时间、地点和强度，但是，只要知道了活断层分布的准确位置以及它们的活动特性，也就知道了容易发生地震的地点，从而可以采取经济合理的防震减灾措施。因此，加强活断层调查和研究工作是减轻地震灾害的主要途径之一。

现在人们对活断层的研究可以通过航卫片解释、地质地貌调查、地质填图、探槽开挖等手段，在第四系覆盖地区则必须使用各种地球物理探测和工程地质勘探方法。其目的就是要查明活断层的位置、活动时代、运动性质、滑动速率以及该断层上曾经发生地震的情况。

20 世纪 70 年代以来，国内外对活断层的研究取得了巨大的成就，形成了一套完整的研究活断层活动习性的方法，特别是探槽开挖技术和古地震研究方法已非常成熟。

近年来，一些地震多发国家先后开展了断层探测工作，以期查明在城市范围内是否存在直下型活动断裂，是否可能发生直下型大地震，对其危险性作出评价，寻求合适的防震减灾和避让措施。主要包括美国在洛杉矶地区实施的 LARSE 计划，日本在东京、京都和大版等城市密集平原区（关东平原、浓尾平原和京都盆地）实施的综合地球物理探测计划和中国实施大城市活动断裂探测及地震危险性评价计划。这些计划的实施，为减轻地震灾害奠定了良好的基础。

作为"中国数字地震观测网络工程"一个重要组成部分，中国地震局 2000 年提出"大城市活动断层探测与地震危险性评价"项目，经过 3 年多立项论证于 2004 年 6 月正式实施。在福州市先期开展的试验探测基础上，以经济发达地区、人口密集地区、高烈度地区（地震基本裂度Ⅶ度以上）、发现存在活动断层迹象和存在发生破坏性地震危险等条件为依据，选定北京、乌鲁木齐、上海、天津、昆明、西安、兰州、银川、海口、广州、呼和浩特、沈阳、南京、太原、郑州、宁波、长春、西宁、拉萨、青岛等 20 个城市开展活动断层探测与地震危险性评价。

通过这项对中国内地 21 个重要大城市实施活动断层探测与地震危险性评价工程，探明了城市地下存在的活动断层分布与活动状况，预测活动断层的潜在地震危险性与危害性，为城市规划、建设、重要工程设施选址、抗震设防和地震应急措施、救援预案制订等提供了科学依据，提高了政府对城市活动断层危害的预见性。

活动断层探测工作将提高政府部门对城市地震活动断层危害性的预见性和抗御地震灾害的能力，为城市规划、建设、地震应急救援预案编制、重大工程场址选址、抗震减灾设防标准制定和地震监测对象和预测目标的确定等提供科学依据。成果的应用可最大限度地减少了"地震盲区"，有效地减轻可能遭遇的地震灾害及其对社会的冲击和影响，保障人民生命财产安全与社会稳定，提高经济社会的可持续发展的能力。

◇努力提高农村房屋的抗震能力

在我国，有超过一半的人口生活在农村，大多数的人防震意识淡薄，缺少避震常识。我国的乡镇建筑受着所处自然环境条件及传统文化、风俗习惯的影响，带有强烈的地方色彩，结构型式和建筑材料往往是因地制宜就地取用，一般建筑特别是住房，都没有经过正规的设计和施工，没有充分考虑抗震性能。

多次惨痛的教训告诉我们，地震时在乡、镇造成大量人员伤亡的主要根源，在于这些布局、构造不合理，没有考虑抗震基本要求，建造质量低劣的房屋大量破坏倒毁。因此，本着减轻地震灾害的目标，同时考虑到国力有限的实情，在不增加或少增加投资的情况下，提高乡、镇住房的抗震性，应该是当前乡镇抗震对策所追求的目标。

根据《中华人民共和国防震减灾法》规定，县级以上地方人民政府应当加强对农村村民住宅和乡村公共设施抗震设防的管理，组织开展农村实用抗震技术的研究和开发，推广达到抗震设防要求、经济适用、具有当地特色的建筑设计和施工技术，培训相关技术人员，建设示范工程，逐步提高农村村民住宅和乡村公共设施的抗震设防水平。

地震所造成的人员伤亡和经济损失主要是由于建筑物的破坏、倒塌以及地震引发次生灾害引起的。为提高房屋抗震能力，有效减轻地震灾害，保障人身生命和财产安全，应遵循以下原则：

（1）要选好场地

宜选择地势平坦、开阔，上层密实、均匀或有稳定基岩的有利地段。不宜在软弱土层、可液化土层、河岸、湖边、古河道、暗埋的滨塘或沟谷、陡坡、松软的人工填土地段以及孤突的山顶或山脊等不利地段建房。不宜在可能发生滑坡、崩塌、地陷、地裂、泥石流以及有地震活动断裂、地下溶洞等危险地段建房。

（2）地基要做牢做稳

建房时，基础沟槽必须宽厚，槽底均匀铺设灰土层并分层夯实后，用水泥浆砌砖或石料混凝土做好基

河岸、陡坡等不利地段不适合建房

础，还可用加桩等技术加固地基。如果是建楼房，应设置地圈梁，以防不均匀沉降对上部结构的影响。

此外，还要注意加强基础防潮、防碱、排水等措施，防止碱潮对墙体的腐蚀作用。

（3）房屋的结构布局要合理

房屋的结构是指包括基础在内的，组成房屋承重和抵抗外力作用的骨架部分。通俗地说，房屋的结构就像人体的骨骼系统，除了承受和传递正常荷载——如房屋自重、家具和居住人员等重量外，还要承担自然界的各种外加作用——如风、雨、雪、地震等，是房屋所有使用功能赖以存在的基础。

为了提高抗震性能，首先是房屋体形要合理。设计房屋时，要避免立面上的突然变化，平面形状也宜简单、规则，墙体布置要均匀、对称些，使房屋具有良好的抗震性能。对于土坯房，房屋高度要低些，一般是一间一道横墙。楼房内部纵横墙应密一些，加上墙体间咬砌搭接，房屋的整体性就好。

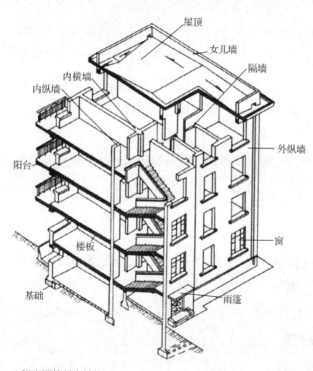

一般房屋的基本结构

横墙支撑着纵墙，限制纵墙的侧向变形，同时还承受屋顶、楼层和纵墙等传来的地震力，在房屋抗震上起着很大的作用，因此，在满足使用要求情况下，横墙宜布置得密一些。一般居住用房以不超过两个开间为宜。如果使用上需要有更大的空间时，就要采用加墙垛、圈梁等措施，来增强纵墙的强度和稳定性。

应尽量少在墙壁上开洞，以免削弱墙的强度和整体性。如果确需开洞，要尽量开小洞，并要注意均匀些。不要在靠近山墙的纵墙上或靠近外纵墙的横墙上开大洞。

（4）屋顶和围墙要轻

一般民用房屋屋顶常采用草棚、泥顶和瓦顶等形式。各地做法不一，其中重量差别也很大，轻的每平方米十几千克，重的每平方米可达数百千克。建房时，应优先采用轻质材料做屋顶。

围护墙虽然是房屋的非承重部分，但地震时围护墙的倒塌同样会造成严重灾害。因此，宜采用轻质的围护墙和隔墙，在高地震烈度区建房，木骨架承重房屋可采用下部做重墙、上部做轻质墙的方法。

屋顶上的附属物，如女儿墙、高门脸等，既笨重又不稳定，在烈度为Ⅵ度左右的地震中就会大量破坏，甚至造成人员伤亡。因此，建房时应当尽量不做或少做此类装饰性附属物，如必须建造时，就要做得矮些、稳固些。

（5）墙体要有足够的强度和稳定性

选择墙体材料时，要考虑强度和耐久性。一般来说，采用砖墙比土坯墙和石头墙好。对于石头房屋，有棱角毛石比光滑卵石好。土坯墙的耐久性，同土质的好坏有很大的关系。黏性较好的泥土，比砂性太大或杂质太多的泥土好。如条件允许，最好在制坯或夯墙的黏性土中掺和一些草筋（如麦秸秆、稻草或干净的杂草等），以增强土坯或土墙的强度。

在施工中，除应确保施工质量外，还须在墙体联结处加砖垛、拉结钢筋等。在屋顶和楼层下加砌一砖宽的卧砌实心砖带（不少于三匹砖）。这样，梁（屋架）或楼板的支承不但加宽了，而且较为坚固。为使砌体受力尽可能比较均匀，各类砌体中的块材在砌筑时都必须上下错缝。纵墙与横墙、内墙与外墙结合要牢靠，墙体之间互相依靠，这样一来才能更好地共同发挥抗震作用。

为保证房屋具有必要的抗震能力，除使结构具有必要的强度外，一系列的构造措施也可以提高房屋结构的延性和刚度。除注意纵横墙、

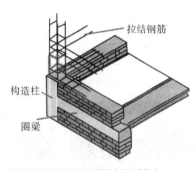

拉结钢筋
构造柱
圈梁

增设圈梁和构造柱可提高抗震能力

内外墙间的拉接处，增设钢筋混凝土构造柱和圈梁，可提高房屋的抗震能力。

（6）确保施工质量

要指导居民严格按照地震部门确定的当地抗震设防要求进行工程设计，要由具备施工资质的建筑企业承建。在施工的过程中，除由专业人员操作外，要注意实行全程跟踪、对建筑工程质量的监督管理。相关部门要加强事前指导，协助居民做好优民房建筑竣工验收工作。

地震、建设、土管等部门组成检查组，定期对村民盖房进行检查指导，发现问题，及时纠正，工程监理单位，要深入村镇，加强对施工全过程监理，以确保民房抗震措施的落实。

◇利用减隔震技术，减轻地震的破坏

地震动引起地面上房屋以及各种工程结构的往复运动，产生惯性力。当惯性力超过了结构自身抗力，结构将出现破坏。这就是大地震造成房屋破坏、桥梁塌落以及其他众多工程设施损毁的根本原因。

在过去，人们往往是通过提高设防烈度来提高建（构）筑物的抗震能力。现今，随着科学技术的飞速进展，在抗震方面也有了许多创造和进步。人们可以采用结构控制、智能平衡减震以及基底隔震等技术，有效地提高工程或建（构）筑物的抗震能力，其中基底隔震是相对比较成熟的技术。

隔震是在建筑物上部结构与基础之间设置隔震层，通过隔震层的大变形，来延长结构体系的自振周期、增大阻尼，可以减少输入上部结构的地震能量，从而减轻地震的破坏程度。

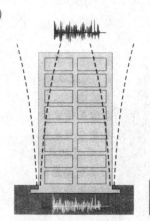
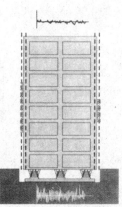

隔震技术减震原理示意图

抗震是硬抗，地震来了地面晃动，房屋跟着晃动，就会引起房屋倒塌。为了抗震，就要加大建筑物的断面，加粗钢筋，使得房屋做得很强壮。而隔震减震技术是采用"以柔克刚"的办法，设一个柔软层，将地震隔离掉。

在1994年美国加州的北岭地震时，那里遭受强烈震撼，不少房屋遭到破坏并引起多处火灾，人们惊慌失措，社会动荡不安。然而，在南加州大学医院的两幢大楼里，人们却没有任何感觉，楼里的医务人员和病人看到楼外的人们慌慌张张地四处奔跑，还感到迷惑不解呢！原来，这两幢大楼建筑时运用了基底隔震技术，在大楼的基座上安置了用橡胶以及钢、铅制成的隔震垫（由于这种隔震垫主要由橡胶制成，所以又叫橡胶垫）。正是由于隔震垫吸收了大部分地震波的能量，因而建筑物受到的震动就很小，保障了建筑物的安全。

隔震技术具有很多优点：一是安全性好。据有关专家介绍，采用了隔震装置的建筑物，能够极大地消除结构与地震动的共振效应，显著降低上部结构的地震反应，在强震作用下基本上不会遭到摧毁；二是成本低，比传统的抗震成本节省5%～20%；三是应用广泛，几乎所有的建筑物——新的和老的，重要的和一般的——都可以采用。

目前，常用的隔震技术依机理可以分为以下三类：

（1）柔性隔震

利用叠层橡胶支座、软钢支座等装置具有的柔性，加大结构体系的水平自振周期，避开地震动的高频卓越频段，减小结构体系地震反应。这类支座具有水平弹性恢复力。

（2）摩擦隔震

利用金属摩擦板、聚四氟乙烯（特氟龙）滑移层和滚球或滚轴等装置的水平运动性能，借助适当小的摩擦系数，限制、减小上部结构承受的地震剪力。单纯的滑动隔震装置或滚动隔震装置的支座不具有恢复力。

（3）摆动隔震

利用摩擦摆和短柱摆等装置的曲面运动性能，加大结构体系的自振周期。这类支座具有因自身重量而产生的恢复力。此外，悬吊隔震与摆动隔震具有相同的机理。

实际使用的隔震装置，可能是具有不同机理的隔震技术的组合，而且隔震支座多与阻尼器、抗风装置和限位装置结合使用。

减震又称为消能减振，是通过增加工程结构自身的阻尼，消耗结构振动能量，减小结构的地震反应程度。阻尼是衡量结构耗能程度的一个物理指标。比如，将一把钢尺的一端固定，敲击其另一端，两端之间的往复振动往往可以持续很长时间。这是由于钢尺的阻尼很小。如果这把尺子的材质是橡皮泥，则敲击后就不会发生往复振动。这是由于它的阻尼过大。正常情况下，工程结构可以视为小阻尼弹性体，以房屋为例，在地震作用下房屋各楼层由下至上振动幅值逐渐增加，即使地震动停止了，各楼层的振动仍会持续几秒或几十秒。如果房屋结构自身的阻尼足够大，则地震动引起的振幅就小，而且会很快衰减掉。这就在很大程度上避免了地震动持续作用下的迭加效应，大大降低了结构的地震反应程度。通过安装消能减振装置，适度增加结构的阻尼，可以有效改善结构的地震反应性能。

◇对已有建筑应进行必要的抗震鉴定与加固

地震时建筑物的破坏是造成地震灾害的主要原因。我国现有建筑物有的建造年代较早，有相当一部分在《工业与民用建筑抗震设计规范 –TJ11–74》颁布前设计建成的，没有考虑抗震设防；有些虽然考虑了抗震，但由于原定的地震基本烈度偏低，并不能满足相应的设防要求。唐山地震以来建筑抗震鉴定加固的实践和震害经验表明，对现有建筑按现行设防烈度进行抗震鉴定，并对不符合鉴定要求的建筑采取对策和抗震加固，是减轻地震灾害的重要途径。

房屋抗震加固就是要弥补房屋的缺陷，改善房屋的抗震性能，提高房屋本身的安全性，主要体现在：提高结构构件的承载能力，以承受更大的地震作用；提高房屋结构的变形能力，防止大震下倒塌；提高房屋的整体性。

抗震加固的目标就是使既有房屋在遭遇相当于设防烈度的地震作用时不严重破坏和不倒塌，经修理后可继续使用。一些历史纪念性建筑为了保持其原有的风貌和功能，在对结构进行抗震加固的同时，还可以改善建筑的使用功能。

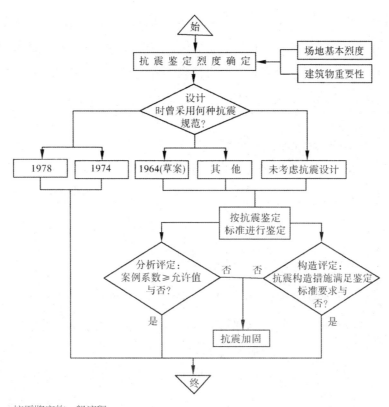

抗震鉴定的一般流程

《中国华人民共和国防震减灾法》规定实行以预防为主的方针，减轻地震破坏，减少地震损失，对现有建筑进行抗震能力鉴定与加固。对于已经建成的建设工程，未采取抗震设防措施或者抗震设防措施未达到抗震设防要求的，应当按照国家有关规定进行抗震性能鉴定，并采取必要的抗震加固措施。这些建设工程包括：

——重大建设工程；

——可能发生严重次生灾害的建设工程；

——具有重大历史、科学、艺术价值或者重要纪念意义的建设工程；

——学校、医院等人员密集场所的建设工程；

——地震重点监视防御区内的建设工程。

现有建筑抗震加固前必须进行抗震鉴定，因为抗震鉴定结果是抗震加固设计的主要依据。建筑抗震鉴定和加固的设防标准比抗震设计规范对新建工程规定的设防标准低。因此，不可按抗震设计规范的设防标准对现行建筑进行鉴定；也不能按现有建筑抗震鉴定的设防标准进行新建工程的抗震设计，降低要求。加固方案应根据抗震鉴定结果综合确定，可包括整体房屋加固、区段加固或构件加固。

◇做好地震次生灾害的防治工作

地震的次生灾害是普遍的、严重的。有些地震的次生灾害损失并不次于震害的直接损失，甚至历史上还曾出现过由于次生灾害造成小震大灾的例子。

1906年4月18日，美国西部太平洋沿岸城市旧金山发生一次8.3级大地震。由于烟囱倒塌、堵塞及火炉翻倒，全市50多处起火。由于大部分消防站被震坏，警报系统失灵；马路被倒塌的房子堵塞，自来水管被破坏，水源断绝；火势蔓延，温度不断升高，有些本来耐火的建筑，因内部温度达到燃点而自燃起火。火灾造成的损失，比地震直接破坏的损失高3倍。

近几十年来，在我国发生的海城、唐山、汶川等地震，也出现了很多次生灾害，造成了一定的损失。由此看来，在地震灾害中，次生灾害是极为严重的。为了减轻地震灾害，要特别注意防止次生灾害的发生。

预防地震次生灾害的工作重点是：工程设防、抗震加固、设置保护性设施、在思想和物质方面做好准备。

（1）**工程设防**

对于预防地震次生灾害，有关部门要从城市规划、场址勘探、工程设计、施工和管理等方面采取相应对策。应根据城市总体规划，按照预防次生灾害的要求，调控工业布局，把不适宜在居住区的工厂外迁。凡是生产和储存易燃、易爆、有毒物品，细菌以及放射性物质等易于产生次生灾害的工厂、仓库和货场，必须严格按照有关规定，与居民区保持足够的隔离地带。对于人口密集、商业集中的地区，应限制建造木结构房屋。

对于一般易于产生次生灾害的重要建筑，如天然气加压车间、液化石油气贮配站、弹药库、火柴库、化工企业的塔和罐以及控制系统等，应提高设防标准，房顶必须用轻质材料建成轻顶。对于存放和处理放射性物质、细菌的单位以及信息网络数据中心等机构，要按特殊、重点设防类别提高设防标准，加强抗震和安全措施。对于计算机信息储存系统，不仅要做到抗震，还应建异地容灾备份。

对于易于产生次生灾害的重要建筑和设施（如管道等），在选址时要注意避开地裂缝，滑坡、喷砂、冒水等砂土液化严重的不利地段，若某些建（构）筑物或设施、设备必须位于这些地段时，应做好地基处理；进行设计时，就要考虑抗震措施。例如，一般在阀门、法兰盘、弯头、三通或旁通管道连接处等应力集中部位加强防震措施。再比如，架空管道容易被建筑物倒塌砸坏，因此在设计时，应尽量考虑采用地下管道的形式铺设。如果必须架空铺设时，应采用性能较好的支座及延性较好的管道结构。此外，根据实际情况，还要考虑一些特殊的防止次生灾害袭击的措施。例如，对于被木结构房屋包围的中高层建筑物，要安装防火百叶窗、门，防止火焰、浓烟、毒气进入建筑物内部。

（2）抗震加固

抗震加固包括建筑加固和设备加固，是指对已有建设工程进行抗震鉴定并加固，增设保护性设施。要有计划地对容易产生次生灾害的重要单位进行建筑物及设备的抗震鉴定，根据鉴定结果进行分类，或进行搬迁，或进行加固，并根据实际情况，有针对性地设置保护性设施。设备加固是防止次生灾害发生的重要对策之一。根据已往地震震害调查经验，对动力蓄电池、变压器、贮油、贮气以及化工企业的各种塔、罐及架空管道，化验室、实验室的药品存放架等实施加固，将可以有效减少次生灾害的发生。

（3）设置保护性设施

设置保护性设施是防止地震次生灾害的另一个重要方面。如电力企业的发电机组加设顶盖；送变电线路设置自动跳闸保护装置；化工企业配置备用冷却设备、事故放窄槽等备用设施；储油、储气系统安装自动切断、自动放散装置；城市地铁等轨道交通安装自动减速停车装置等。根据保护对象的特点，设置强地震动预警控制系统，必要的时候，则自动关闭设备等。

（4）在思想和物质方面做好准备

进行地震次生灾害预测，是制定防震减灾计划的基础。要根据城市地质条件和地面现状等基础资料和易于产生次生灾害的单位情况，估计一旦发生地震，可能产生的次生灾害种类、分布和危险程度，制定备震方案。

要进行防治次生灾害的思想和物质准备，对防震减灾进行宣传和基础知识的普及教育，这是动员民众抗御地震次生灾害的重要对策。要采取各种方式，宣传地震次生灾害种类、产生原因、危害性以及预防和抢救方法，做到家喻户晓。对专业救援力量、志愿者、企业员工要重点教育，进行技术培训和必要的技能训练，开展模拟演习。通过宣传和教育，使各级组织、社会公众清楚，一旦地震来了，应该做什么，应该怎样去做。

六、科学有序地开展地震应急和救援工作

◇积极借鉴国外应急救援工作先进经验

地震应急是我国防震减灾工作三大体系之一，它是鉴于地震预报尚处于经验性预报的探索阶段的情况下，在没有做出临震预报而地震却突然发生时，为在灾区进行有效的救援活动，迅速恢复秩序，防止灾害进一步扩大，减少人员伤亡和财产损失，所采取的紧急防灾救灾措施。地震应急救援是防震减灾的一个重要环节，是最大限度地减轻地震灾害造成的人员伤亡，减少经济损失的重要举措，对于减轻地震灾害损失具有十分重要的作用。

早在工业革命的初期，一些工业发达国家就开始关注应急救援问题。随着经济的发展和社会的进步，应急救援工作已经成为整个国家危机处理的一个重要组成部分。尤其是进入 20 世纪 90 年代以后，一些工业发达国家把应急救援工作作为维护社会稳定、保障经济发展、提高人民生活质量的重要工作内容。事故应急救援已成为维持国家管理能够正常运行的重要支撑体系之一。例如，美国、欧盟、日本、澳大利亚等国家，都已经建立了运行良好的应急救援管理体制，在包括应急救援法规、管理机构、指挥系统、应急队伍、资源保障和公民知情权等方面，形成了比较完善的应急救援体系，这些救援体系在减少和控制事故人员伤亡和财产损失方面发挥了重要作用，成为经济和社会工作中重要的政策支柱。

美国在 20 世纪 70 年代以前，应急工作采用的是地方政府各自为战、社会救援力量和国家救援力量并存。由于体制上的不顺，一旦发生突发事件时，国家很难把这些救援力量统一协调起来，使国家应对危机的能力受到很大的限制。

1979 年后，通过立法，将美国全国 100 多个联邦应急机构的职能进行统一领导、统一指挥，成立了联邦紧急管理署（FEMA），接管联邦保险局、国家火

灾预防和控制管理局、国家气象服务组织、联邦灾害管理局的一些工作。FEMA是一个独立的、直接向总统负责的机构。下设国家应急反应队，由16个与应急救援有关的联邦机构组成，实施应急救援工作。联邦和州均设有应急救援委员会，负责指挥和协调工作。

FEMA在应对各类重大事故或突发事件中发挥了重要作用。在"9·11"事件之后，美国进一步地加强改善了国家应急救援的工作体制和机制，增加了财政投入，应对社会危机的能力得到进一步的增强。

例如，2003年8月14日美国东部地区突发大停电事故，涉及纽约、新泽西、俄亥俄和康涅狄克4个州，停电时间长达29小时，数千万人口受其影响。由于有严密的应急体系、完善的预案和高效应急工作，特别是"9·11"事件后应急能力建设的加强，在国家级的统一调度指挥下，整个事件的应急工作如消防、地铁人群疏散、电梯救助、供水等基本做到了井然有序，没有引发连锁灾害，在纽约1900万人口中，仅有1人死于心脏病突发，1名消防队员在灭火中受伤。

总体上来说，经过多年努力，工业发达国家和一些发展中国家都建立了符合自己国家特点的应急救援体系，包括建立国家统一指挥的应急救援协调机构，拥有精良的应急救援装备，充足的应急救援队伍，完善的工作运行机制。其中值得我们学习和借鉴的经验包括：

（1）及时上报灾情

20世纪80年代以来，全球逐步建立了若干个以灾害信息服务、灾害应急事务处理为目标的灾害信息系统，分别是全球危机和应急管理网络、全球应急管理系统、国际灾害信息资源网络、拉丁美洲区域灾害准备网络、紧急响应联系、模块化紧急管理系统、日本灾害应变系统。在灾害信息共享、协助各国政府制定减灾决策、对国民进行防灾教育、处理紧急灾情等方面，发挥了十分重要的作用。

（2）建立专门灾害应急管理机构

当前，国际社会主要有两类救灾体制：一是以美日为代表的国家有专门协调机构，其他机构进行配合，如美国联邦紧急事务署，该机构集成了原先分散于各部门的灾难和紧急事件应对功能，可直接向总统报告，大大强化了美国政府各机构间的应急协调能力；二是以俄罗斯为代表，设立紧急救援部，配备专门部队并实施单独救灾。

（3）**鼓励社会资本的投入**

国际社会中，社会资本广泛地参与到救灾行动中。美国应急管理体系就特别注重建立民间社区灾难联防体系，通过各种措施吸纳民间社区参与危机管理。一是制定各级救灾组织、指挥体系、作业标准流程及质量要求与奖惩规定，并善用民间组织及社区救灾力量；二是实施民间人力的调度，通过广播呼吁民间的土木技师、结构技师、建筑师、医师护士等专业人士投入到第一线的救灾工作中；三是动员民间慈善团体参与赈灾工作，结合民间资源力量，成立民间赈灾联盟；四是动员民间宗教组织，由基层民政系统邀集地方教堂、寺庙的领导人成立服务小组，有效调查灾民需求，并建立发放物资的渠道。

（4）**培养公民的灾害应急意识**

许多国家重视对公民危机意识的培养和熏陶。日本是个灾害多发的国家，政府专门出版了《建筑白皮书》《环境白皮书》《消防白皮书》《防灾白皮书》《防灾广报》等10余种刊物介绍有关防灾减灾内容。住房附近长期备有矿泉水、压缩饼干、手电筒以及急救包。韩国政府则通过印制图文并茂的防灾宣传和教育手册，教授民众防灾的经验，并规定每年的5月25日为"全国防灾日"，举行全国性的"综合防灾训练"，通过防灾演习，让政府官员和普通群众熟悉防灾业务，提高应对灾害的能力。

国外应急救援体系的发展过程既有先进的经验值得我们借鉴，也有一些教训应当汲取。例如，应急救援工作的组织实施必须具有坚实的法律保障；应急救援指挥应当实行国家统一领导、统一指挥的基本原则；国家要大幅度地增加应急体系建设的整体投入；中央和地方政府要确保应急救援在国家政治、经济和社会生活中不可替代的位置；应急救援的主要基础是全社会总动员等等。

◇全面做好地震灾害应急管理工作

地震应急指在地震预报发出后及地震发生后，政府部门及各相关负责单位为确保人民生命和财产安全，使社会保持稳定，最大限度地减轻地震灾害所采取的一系列紧急救灾措施。

破坏性地震的发生是突发性的紧急事件。一次地震最终可能造成震害的严重程度，不仅仅限于地震造成的直接破坏，而且与人们在震后的反应状况有很大关系。在突发地震灾害面前，社会的平静瞬间被打破，人们处于人人自危、惊慌无助的状态，极易引起社会混乱。此时，需要政府部门迅速做出反应，开展应急救助工作，有效控制地震造成的混乱状态，按照灾害的紧迫程度确定救灾的时序，保证救灾工作高效、有序地进行。地震应急工作是社会行为，政府部门是地震应急的主体，对于维护社会安全，保证防震救灾工作顺利进行有不可推卸的责任。

地震灾害应急管理工作的基本内容包括：

（1）灾前的应急准备

主要包括应急管理机构的组建、应急基础设施的建设、应急专业救援队伍建设、应急救援物资储备、应急救援法律法规的建立和完善及大众的防灾减灾意识教育等。

（2）进行应急救援

主要包括灾害应急指挥、人员疏散和安置、被困人员搜救、伤员紧急治疗、灾情监控、救灾物资调运和发放、重要交通、水、电、气等基础设施抢修等。灾害应急指挥包括灾前信息获取、灾中灾情的快速评估和监控以及应急救援的运作指挥等灾害应急的中枢性系统工程。灾害发生时，人员应该怎么疏散和安置，是进行有序灾害救援和维护社会安定的保证。被困人员的搜救和伤员的紧急救治是减少灾害人员伤亡的重要手段，救援时间是否及时，救援方法是否得当，救援力量是否充分，救援技术的改进等都是应急救援研究的重要课题。

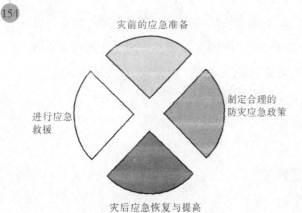

地震灾害应急管理工作的基本内容

（3）灾后应急恢复与提高

它主要是指应急救援基础设施、应急救援物资、人力、技术和管理等的恢复与提高。当地震灾害发生时，对城市基础设施的大面积破坏，必然导致应急救援基础设施在一定程度上的损害，高强度的应急救援，使得应急救援人力物力处于强消耗状态，应急管理方面的薄弱环节和不协调环节被暴露，这些都需要有计划、有步骤地按照轻重缓急进行恢复和提高。总结经验教训，对提高受灾区域应对新的突发灾害和事故的能力具有重要的意义。

（4）制定合理的防灾应急政策

应当把防灾、抗灾的重点放在非工程措施上，设立城乡综合防灾减灾紧急事务管理机构，制订防灾减灾预案。建立防灾预警、预报系统，设立防灾、抗灾工作机构，主要责任之一就是建立城乡防灾预报系统。

首先要制定城乡防灾规划。部署全局，指导实施，使防灾各项工作能根据客观实际需要，明确方向、总体编排防御级别和标准，以便采取相应处理措施。规划还应设置防灾预兆及预报技术研究；防灾风险分析；防灾、抗灾、救灾对策专家系统；居民避险生存保障系统等内容。

要针对不同地区制订切实可行的防灾预案，包括救灾措施，紧急物资支援途径，以及规范在突发情况下应树立的新价值观，权重关系顺序（生命、健康、财产）和法律观念，特殊情况下的伦理道德观念。要通过深入宣传，使每个公民在突发灾害前都能很快地适应，而不是慌乱一团、不知所措，造成不必要的伤亡和损失。

◇重视对地震应急预案的编制和完善

我国灾害应急制度的建设始于 20 世纪 80 年代后期。以地震灾害为例，当时国家地震局(现中国地震局)的一些专家,在研究构建我国地震工作的科学体系时,提出了破坏性地震应急制度的建设问题。此后，经过一段时间的摸索，相继出台了一系列法律法规和条例，如 1995 年 4 月国务院发布了《破坏性地震应急条例》；1996 年 12 月国务院批准实施了《国家破坏性地震应急预案》；1997 年 12 月全国人大颁布实施了《中华人民共和国防震减灾法》。这些防震减灾法律制度的建立，标志着我国已经进入了依法实行减轻地震灾害工作的时代。2006年1月8日，中国国务院正式发布《国家突发公共事件总体应急预案》。

地震应急预案是使政府和社会能够有目的地做好地震应急准备工作，保证高效、有序地开展地震应急防御和抢险救灾工作，防止次生灾害的发生或扩大，迅速恢复社会正常生产和生活秩序，最大限度地减轻地震灾害造成的人员伤亡，减少经济损失的地震应急行动方案。主要针对破坏性地震（指造成一定数量的人员伤亡和经济损失的地震事件），故也称为破坏性地震应急预案。

（1）编制地震应急预案的基本过程

一般地说，可参考如下过程编制地震应急预案：

在地震部门的指导下，有关部门的工作人员和专家组成专门的编制工作团队。

先收集本地及邻近地区地震活动背景资料，熟悉历史地震的影响情况，掌握可调配、可使用的应急物资资源，开展辖区内受灾风险点调查，分析应急能力，对在编预案进行效果评估。然后，根据防震减灾思路、关注点、防灾目的、预期效果等实际情况，设计预案框架，着手文本编写。

文本初稿完成后，应广泛征求预案所涉及的单位（部门）、社区居民、业主委员会、地震部门、行政主管部门和专家的意见，进一步修改完善，形成预案审核稿。

有关主管部门应组织预案审核稿的评审工作。评审通过后的预案，应当向社会公布，并向所在地政府主管部门上报备案，由辖区政府主管部门汇总后，向相关地震部门上报备案。

（2）破坏性地震应急预案的主要内容

根据《中华人民共和国防震减灾法》和《破坏性地震应急条例》的规定，破坏性地震应急预案主要包括下列内容：

应急机构的组成和职责，是应急预案能够实现的组织保证；

应急通信保障，是应急预案实施的重要条件；

抢险救援人员的组织和资金、物资的准备，是应急行动正常有效开展的物质基础；

应急、救助装备的准备，应急、救助技术和装备的优劣、多少和有无决定着应急救助的实效；

灾害评估准备，提供灾害损失快速评估，向抗震救灾指挥部及时提供灾情信息，是地方政府作好应急救灾部署和决策的重要前提和依据；

应急行动方案，是应急预案的核心内容。

地震应急预案可以按照上述内容，由国家、省市、城镇、县或系统、单位等制定适应各自地震应急需求的预案。

（3）确保地震预案有效性应考虑的问题

预案的作用和意义勿庸质疑，但并不等于编制和修订完成的一份预案就完全有效、有用。预案的有效性是个必须考虑的问题。为了使地震应急预案能够切实发挥功效，需要注意如下几点要求：

首先，预案的内容要有针对性。不仅要充分考虑本乡镇（社区）的基本情况，还要估计不同气象、地理条件，不同规模地震灾害造成的直接、间接损失、次生灾害及社会影响；估计灾后应急资源和力量。

其次，预案要经过培训和演习。对于人们普遍不太熟悉的地震应急预案来说，针对地震应急涉及人多、面广等特点，使全社会公众尽快掌握应急技能，培训和演习无疑是一种根本途径。

最后，预案保障要合理，注重可操作性。首先，地震应急预案要随着机构设置发生的变化及时变更并修订；其次，确定地震应急行动任务的分工，更需注重从操作环节或者工作步骤上明确，要做到信息的及时沟通，保障应急及时、有序高效；再次，现代办公、通信、信息处理等技术手段是应急预案启动和运行的另一个操作平台。

◇建设应急避难场所，为应对突发灾情做好准备

国内外历次震害表明，科学规划、合理建设城镇应急避难场所，不但能够在灾时为受灾人员提供积极防护，而且在灾后较长的一段时间，能够起到应急指挥、医疗救助、卫生防疫、凝聚人心、维护稳定的重要作用。

中国人口众多，居住比较密集，城市尤其如此。遇到地震灾害发生时，第一要解决好的就是人员的紧急避险和疏散问题。为了解决好这个问题，在规划和建设大型住宅区时，一定要认真考虑地震发生时人们紧急疏散和避险的需要，预留通道和一定数量的绿地、广场和空地。

应急避难场所是指为应对突发事件，经规划、建设，具有应急避难生活服务设施，可供居民紧急疏散、临时生活的安全场所。现在，应急避难场所的规划与建设已成为我国各级人民政府的城市（镇）规划的重要组成部分之一。

某区避难场所规划

应急避难场所的规划与建设原则是：以人为本、科学规划、就近布局、平灾结合、一所多用。

应急避难场所可选择公园、绿地、广场、体育场、室内公共场、馆、所和地下人防工事等作为应急避难场所的场址。

选址要充分考虑场地的安全问题，注意所选场地的地质情况，避开地震断裂带，洪涝、山体滑坡、泥石流等自然灾害易发地段；选择地势较高且平坦空旷、易于排水、适宜搭建帐篷的地形；选择在高层建筑物、高耸构筑物的垮塌范围距离之外；选择在有毒气体储放地、易燃易爆物或核放射物储放地、高压输变电线路等设施影响范围之外的地段。应急避难场所附近还应有方向不同的两条以上通畅的疏散通道。

应急避难场所的建设、配套和运营都需要一系列的软硬件作为保障。按照利用时间的长短，应急避难场所分为临时性避难场所和长期性避难场所。性质不同，保障条件要求也不同。

临时应急避难场所主要指发生灾害时受影响建筑物附近的小面积的空地，包括小花园、小文化体育广场、小绿地以及抗震能力非常强的人防设施，一般要求步行10分钟内到达，这些用地和设施需要配备自来水管、地下电线等基本设施，一般只能够用于短时期内的临时避难。

而长期应急避难场所又叫作功能性应急避难场所，如北京的"元大都"应急避难场所即属于此类。它一般指容量较大的公园绿地，各类体育场，中小学操场等，要求步行1小时内到达，该场所除了水电管线外，还需要配备公用电话、消防器材、厕所等设施，同时还要预留救灾指挥部门、卫生急救站及食品等物资储备库等用地。它们平时是休闲娱乐场所，灾害发生时则可为人们提供长期的生存保障。

应急避难场所实行谁投资建设，谁负责维护管理的原则，管理部门应制定针对不同灾难种类的场所使用应急预案，明确指挥机构，划定疏散位置，编制应急设施位置图以及场所内功能手册，建立数据库和电子地图，并向社会公示。有条件的地方，还可组织检验性应急演练；建立一支训练有素的应急志愿者队伍，通过对志愿者组织的培训、演练，使之熟悉防灾、避难、救灾程序，熟悉应急设备、设施的操作使用；建立一套规范的应急避难场所识别标识。应急避难场所附近应设置统一、规范的标识牌，提示应急避难场所的方位及距离，场所内应设置功能区划的详细说明，提示各类应急设施的分布情况，同时，在场所内部还应设立宣传栏，宣传场所内设施使用规则和应急知识。

应急避难场所在突发灾害事故时的紧急启用，由区县、街道（镇）、社区或相关单位按照预案组织实施，应急避难场所的权属和管理单位要积极配合。

◇大力推进防震减灾志愿者队伍建设

志愿服务泛指利用自己的时间、自己的技能、自己的资源、自己的善心为邻居、社区、社会提供非营利、无偿、非职业化援助的行为。志愿服务起源于 19 世纪初西方国家宗教性的慈善服务。19 世纪末至 20 世纪初，欧美等国先后通过了一系列有关社会福利方面的法律法规。第二次世界大战后，西方国家的志愿服务工作进一步规范化。许多国家的志愿服务活动已逐渐步入组织化、规范化和系统化的轨道，形成了一套比较完整的运作机制和国际惯例。

中国的志愿服务，主要是由政府组织倡导的志愿活动以及成千上万的较小规模、自下而上的社区基层组织这两方面的力量所推动的。通过志愿活动，志愿者不仅使他们所服务的社区受益，而且令自身受益。志愿者能够通过志愿服务来增强自己对他人的关爱之心和领导能力、管理能力以及沟通技巧。志愿服务通过教导人们要有责任心以及促进互信和谐，让整个社会更有凝聚力。

为了全面提高防震减灾能力，预防破坏性地震的发生，并在灾害发生前后能够及时、有序、高效地进行预防和开展应急救援工作，最大限度地减轻灾害损失，大力推进防震减灾志愿者队伍建设、提高全社会抗御地震灾害的能力是非常有必要的。

防震减灾志愿者队伍采取政府引导、自我管理、依法建设的原则。防震减灾志愿者队伍在政府有关部门的领导下组织开展活动。志愿者队伍建设坚持自我完善、自我发展、自我管理的原则，紧紧依靠当地地区、街道政府、人武部、团组织，广泛吸收预备役及基层民兵、共青团员参加到减灾和应急救援工作中来。

各区县、街道、各部门、各有关企事业单位，都要把减灾志愿者登记作为志愿者登记的重要任务进行安排部署。志愿者队伍的建设需要符合我国宪法、法律、法规的规定，志愿者自愿参加，并自觉地接受当地政府和有关部门的监督。

某街道防震减灾志愿者

各级地震局要联合有关部门，与有关企业以及各区县、街道合作，进行抢险、救助、急救、消防、应急避险转移等技能训练，确保组建具有一定减灾专业技能的志愿者队伍。各区县、街道，各有关部门、企事业单位，要结合本区镇街、本单位、本企业的实际，因地制宜地开展减灾志愿者队伍建设工作。

招募防震减灾志愿者，可以依托各类公共服务、社会管理部门、行业协会和组织等，面向社会公开招募，18周岁以上，身体健康，符合一定条件，遵纪守法，热爱志愿服务事业，具有奉献精神，服从应急志愿者服务组织管理的社会各界人员。

组织者应定期对志愿者进行培训和考核。防震减灾志愿者的培训内容包括基础培训、业务培训和拓展培训。基础培训是指所有志愿者都必须接受的培训，主要包括：志愿精神和志愿理念的培训；防震减灾队伍介绍等；志愿者的义务、责任和服务中的安全健康知识、常用法律知识。

业务培训是志愿者队伍根据志愿者选择参与的防震减灾服务项目，对志愿者进行专项培训，根据地震灾害的特点掌握救援知识和技能。

拓展培训是为了提升志愿者的素质和技能进行的一系列培训。

救援志愿队按照"平战结合"的原则，每年举行一两次基本知识和自救互救常识的学习和培训，并进行必要的考核，及时淘汰替换掉不合格的人员，以保持整体队伍的战斗力。

在日常工作中，志愿者应熟悉辖区内人员分布、医疗机构分布、交通通信情况等，以利于救援工作的开展；利用节假日、公休日向志愿者进行减灾、应急救援和卫生防疫基本知识培训及技能、体能的综合培训，开展模拟演练，提高队伍素质，为紧急情况下圆满完成各种复杂的任务奠定良好的基础。

◇积极稳妥地做好临震防灾宣传工作

临震防震减灾科普知识宣传主要是在地震重点危险区或政府发布短临地震预报意见的地区进行的应急和紧急避险为主的应急强化宣传。由于当前地震预报科学水平尚处在经验性探索阶段，地震预报的准确率还比较低，因此，临震防震减灾科普知识宣传具有鲜明的地区性、时效性、政策性、科学性和针对性。

在各级政府及其宣传、地震部门的统一领导下，通过组织各级地震科普宣传网（站），开展科学周密的临震防震减灾科普知识宣传，可以进一步落实政府的地震应急预案和各种应急工作措施，落实地震灾情速报网和地震宏观异常测报网，强化临震宏观异常现象的观察、识别和上报知识，提高地震短临监测预报能力；检查各类房屋建筑和生命线工程的薄弱环节，落实建（构）筑物抗震设防措施，提高人民群众抗震设防意识和村镇民房抗震设防能力；普及强化地震应急和避险、自救互救常识，增强社会公众的地震应急避险和自救互救能力；防止地震谣传事件发生，及时引导和控制社会动向，最终实现在预报期地震发生后最大限度地减轻地震灾害损失和人员伤亡的目的。

（1）把握好临震防震减灾科普宣传的内容

根据临震防震减灾科普知识宣传的特点和目的，防震减灾宣传员临震防震减灾科普知识宣传的主要内容应包括：各级政府及政府部门地震应急预案，地震应急对策措施的主要内容与启动程序；地震监测预报的原理和方法，现阶段地震预报科学水平；地震宏观异常现象的观察、识别和临震异常信息的上报；各类房屋建筑和生命线工程在不同强度地震下的震害特点与抗震防灾措施；城镇建（构）筑物、公共设施和农村民房抗震防灾知识；社会公众地震应急避险与自救互救知识；地震灾情速报知识和速报渠道与程序；地震谣传的识别与预防知识；有关地震预报、地震应急的法律、法规知识；破坏性地震应急与抢险救灾的模拟演练。

（2）采用有效的宣传途径和形式

地震预报意见发布后，一方面，社会公众对地震消息和防震减灾知识的需求特别迫切；另一方面，社会对有关地震的信息也特别敏感。因此，临震防震减灾科普知识宣传与平时常规宣传截然不同，掌握临震防震减灾科普宣传的"度"很重要。为保证临震防震减灾科普知识宣传既要达到预定目的，又不致引起社会混乱，临震防震减灾科普知识宣传一定要在政府领导下，由地震主管部门组织各有关地震知识宣传网（站）慎重进行，除了要严格控制宣传地区外，宣传途径也要严格规定。有关地震活动趋势和地震预报的信息，必须经地震主管部门严格审查后，才能向社会宣传。其他方面的宣传内容仍可按原有的市、县、乡、村地震知识宣传网（站）渠道进行。

进入临震应急期，地震知识宣传员的工作繁杂而责任重大，而要使广大群众在短期内都掌握防震减灾知识，在较大范围的村镇社区，光靠一个或几个宣传员是不够的。因此，必须采用快捷、简便，分层次的专业培训方式，通过"地震部门→宣传员→宣传骨干→群众"这一渠道和形式，让防震减灾知识迅速为广大公众掌握。

根据临震防震减灾科普知识宣传的内容和特点，临震防震减灾科普知识宣传的主要形式有：

——通过政府主渠道，如党报、政报、政府网站、广播电视等，向社会宣传有关地震预报原理、方法和当前地震预报水平；

——通过政府主渠道，结合地震应急工作督促检查，做好对各级领导的应急预案制定实施、应急工作对策措施的宣传；

——利用地震部门震情简报、工作通报等窗口工具，进行临震防震减灾科普知识宣传；

——通过在政府部门、企事业单位、社会团体、各类学校举办临震应急和防震减灾讲座、报告会，进行临震防震减灾科普知识宣传；

——通过组织各种模拟地震应急演练、中小学一分钟紧急避险、防震减灾知识竞赛等活动，进行临震应急避险和防震减灾科普知识宣传；

——利用前述其他平时常规宣传渠道和形式，进行临震防震减灾科普知识宣传。

（3）临震防震减灾科普知识宣传应注意的问题

临震防震减灾科普知识宣传是一项科学性、政策性很强的宣传工作，在确定和组织临震防震减灾科普知识宣传时必须十分慎重，具体实施中，应注意把握和做好以下几方面工作：

——临震防震减灾科普知识宣传活动，必须是政府领导、宣传部门和地震部门负责实施、地震知识宣传员参加的政府行为，组织开展临震防震减灾科普知识宣传，必须有科学的依据、周密的计划、稳妥的预案和应对突发事件的紧急处置措施。

——临震防震减灾科普知识宣传，实际上是一种发布了地震短临预报后在预报区的应急、强化宣传。因此，临震防震减灾科普知识宣传，必须依据省级以上地震部门震情会商和预报意见确定宣传区域和宣传时机，所有涉及震情信息的宣传内容，必须由地震部门严格把关，避免因内部地震预测意见泄漏而造成社会公众恐慌。

——临震防震减灾科普知识宣传的针对性很强。因此，一旦决定实施，必须准备充足的、针对性强的宣传材料，动员和组织区域内所有宣传工具，在对宣传员进行政策、口径、方式方法培训的基础上，开展集中性、大容量、大覆盖面的宣传，力争宣传内容家喻户晓。

——各级宣传、地震部门和宣传网（站）在组织临震防震减灾科普知识宣传时，应注意区分对象，正确把握"科学、慎重，内紧外松"的宣传原则，保持清醒头脑，避免因宣传不当而造成不必要的负面影响。

——在有条件的地方，组织不同范围的地震模拟演练，是强化临震防震减灾科普知识宣传措施、提高宣传效果的一种好方法。

——组织临震防震减灾科普知识宣传，要注意把增强公众防震减灾意识与识别临震宏观异常现象、选择正确的应急避险途径和方法紧密结合起来。通过群众对身边临震宏观异常现象的观察识别，一方面及时上报地震部门，有利于地震部门及时作出临震预报；另一方面，有利于增加群众震时紧急避震的时间和选择正确的疏散路线。

——在实施临震防震减灾科普知识宣传的地区，一旦经地震部门分析确定解除地震预报意见，必须由政府组织，及时调整或停止临震宣传活动。

◇掌握抢险救灾的科学方法和技巧

破坏性地震发生后，抢险救灾工作就成为减轻地震直接损失的最后一项措施，必须科学地、有条不紊地进行。只有掌握抢险救灾的科学方法和技巧，才能取得良好的预期效果。

（1）明确震后抢险救灾的主要任务

只有明确震后抢险救灾的主要任务，行动起来才能有的放矢、有条不紊。抢险救灾的主要任务包括：

——查明灾情，了解抢险救灾重点区域，组织好抢险救灾的各专业队伍。

——各救灾专业组立即进入现场，根据拟定的各项救灾对策，迅速进行抢险、排险、救援工作。救护受伤人员，把仍处于危险地段的群众转移到安全地区，控制次生灾害。

——抢修生命线工程。

——迅速恢复交通，加强交通管制，保证救灾车辆及疏散人群安全。

——组织好避震疏散工作，及时安排好群众生活。

——做好震后防疫工作。

——根据了解的震情、灾情，确定地震烈度；密切监视余震，及时通报震情。

——维护灾后治安和生活秩序，加强对国家和人民生命财产的保卫工作。

——恢复生产，重建家园。

（2）确定抢险救灾的重点区域

破坏性地震发生后，一定区域内各个地方都会有不同程度的破坏，但由于抢险救灾工作受时间和力量的限制，不可能面面俱到，必须确保重点。抢险救灾重点区域主要是依据综合抗震能力等级（主要考虑疏散救援道路情况、建筑密度、人口密度、次生灾害源情况、救护、消防条件等因素）确定的，综合抗震能力低，地震时必然成为重灾区，因此必须作为抢险救灾重点。

（3）抢险救灾程序及方法

抢险救灾工作实际上也是一门技巧性很强的工作，应按一定程序进行；盲目、慌张不仅无济于事，有时还会增加不必要的伤害。

1976年唐山地震时，启新水泥厂工房有一个十来岁的小女孩被压在废墟下面，呼喊求救。这时，邻家一位小伙子在不太了解情况的前提下，纵身一跃，正好落在小女孩头顶的房盖上，房盖受力再次下落，小女孩就这样失去了生命。

1966年邢台地震中，马兰村某村民的父亲被压埋在废墟下，该村民救人心切，使用三齿挖掘父亲时，不慎齿在父亲头上，由于用力过猛，其父亲立时死亡。

因此，抢险救灾必须要按照科学的程序和方法进行。一般来说，从抢救人员进入现场，到抢救工作结束，可分为三个阶段：第一阶段，主要是根据受破坏房屋的情况及瓦砾堆的情况，了解房屋及有关设施的破坏程度、人员伤亡等；第二阶段，进入受破坏房屋，挖掘瓦砾堆，营救被困的人员；第三阶段，清理倒塌物件，疏通街道，抢救财产。

为了快速而有效地寻找被压埋人员，应注意以下方法：

——请遇险者家属及邻居提供情况；

——借助房屋的原设计图纸，判断遇险者可能被压埋的位置；

——监听遇险者的呼救信号；

——根据血迹及瓦砾中人爬行的痕迹追踪搜索；

——利用专门训练过的警犬进行现场快速搜寻；

——利用专用仪器探测、定位。

在抢救过程中，应倍加细心、谨慎，切忌莽撞：首先是要确定遇险者的头部位置，并尽量使头部最先露出；暴露胸部、腹部，清除遇险者口、鼻中的灰土；对受伤者不可强拉硬拖，以防再增加新伤；尽量采用小型、轻便工具，用力时要注意适度；对暂时无力救出的遇险者，应尽量保证通风及水、食品供应。

◇地震发生后做好居民的避震疏散工作

避震疏散规划是从城市、街道或社区的实际情况出发，根据震时需要避震疏散的人口和可能作为避震疏散的通道、场地等，选择恰当的避震疏散方案，并规定好震时避震疏散的组织工作，以尽量避免震时可能出现的恐慌、不安，尽量减少因避震疏散失误所造成的损失。

1923年9月1日日本关东的7.9级地震，是一次教训非常深刻的地震。这次地震后，东京市有4万人积聚在某军服厂一个10万平方米的广场上，由于地震后引起火灾，大火袭击，消防车被堵，竟有3.8万人被活活烧死在广场上。而在这次地震中，全东京城因房屋倒塌砸死的仅有千余人。

这个极端的实例说明了避震疏散工作的重要性。不论建筑工程抗震性能多强，还是地震预报多么成功，搞好避震疏散工作仍是非常必要和重要的。

随着在国内外历史上几次大的地震灾害中城市避震疏散空间对减灾做出的贡献，使得城市避震疏散空间在城市综合抗震减灾、救灾体系中逐渐占有十分重要的位置。避震疏散规划已经成为城市防震减灾规划中的一个重要部分，其规划的合理制定，地震发生时的有效实施，是使市民能在较短的时间内快速疏散到危险较小的疏散场地的前提。对大量的无家可归者进行快速安置，保障灾区社会基本稳定，并通过有效的灾害管理进行有序的自救和互救行动，能够最大程度地减小人员伤亡，降低地震灾害带来的损失，为城市的安全与发展提供保证。

那么，怎样才能做好城市居民的避震疏散工作呢？

（1）统计避震疏散人口

统计本辖区内的常驻居民人数，作为避震疏散的人口基数，在此基础上，再考虑流动人口避震疏散。

当然，在统计避震疏散人口时，除对人口总数进行统计外，还须了解人口年龄构成状况。因为在遭到地震袭击时，儿童、老年人和部分残疾人缺乏自救能力，因此，成年人不仅要自救，还有救护儿童、老年人和残疾人的责任和义务。

（2）选择适当的避震疏散场地

避震疏散场地是指发生大地震时，供从附近（包括周围地区）避震疏散来的居民临时生活的地方。作为避震疏散场地的应急避难场所，在面积方面应该有一定的要求，一般地说，人均疏散面积应不少于 1.5 平方米。

（3）规划好避震疏散通道

作为避震疏散通道，应满足下列要求：

一是要尽量选择交通量小的道路。当用主干道作避震疏散通道时，路两侧应划出禁止车辆通行的人行道，并树立标记。

二是要拆除道路两侧抗震性能差的各类建筑物和装饰品。不拆除时，要进行加固或列入加固计划。

三是桥梁的抗震可靠度应予提高。

四是道路宽度应根据避难总人数、平均距离、疏散时间、步行速度以及队伍密度等加以考虑。

（4）做好避震疏散组织工作

城市的避震疏散组织工作由市、区县、街道（或社区）抗震救灾指挥部统一指挥、综合协调，具体实施可以各社区防震减灾助理员为主。

避震疏散组织工作包括避震疏散方案的选择、避震疏散方式的确定。

避震疏散方案可考虑三种情况：就地疏散方案、中程疏散方案和远程疏散方案。

就地疏散方案——指震时基本上不离开自己的家园，不出机关大院、工厂、学校、商业区和居住小区。就地疏散场地主要包括房屋之间的空地、街道公园、路边绿化带、小游园、中小学操场以及其他公共场所等。就地疏散人员可就近照顾自己门户，守卫公共财产。

中程疏散方案——疏散半径一般在 1～2 千米之内，且在半小时内可步行到达。疏散场地可选择公园、绿地、广场、学校运动场、体育场、有安全出入口的地下室、人防工程等，另外，抗震性能好的房屋也可以作为集中疏散的场地。

远程疏散方案——指往外地遣送、分散老弱病残和愿意暂时移居外地避震的居民，这种方案有利于减轻震时城区的压力，但必须保证运输过程中的安全。

上述三种方案，主要是依据震情而定，一般情况下是三者兼用。

避震疏散方式主要是指导本辖区内居民按预案中的安排分配避难场地，安排疏散通道，指挥人员疏散，并做好居民生活安置等各项工作。

◇指导家庭做好地震应急和防震准备工作

震前做好防震准备是减轻震灾造成人员伤亡和财产损失的最有效途径。家庭作为社会的最基本单元，制定好地震应急预案，对于地震发生后迅速采取正确的应对措施，有效减轻家庭人员伤亡和损失具有重要意义。

家庭应急预案主要包括应急物品准备、家居环境防震措施和应急演练方案、防震减灾科普知识的掌握等内容。

（1）应急自救物品

平时预备必要的应急物品，如家庭防震应急包、急救箱、灭火器、相关工具（管钳、可调扳手等），对震后自救互救，减少人身伤亡具有重要作用。

家庭防震应急包非常重要，地震发生后它能够满足我们一定时间内必要的生存条件，应包含以下物品：水、食品、手电筒或应急灯和备用电池、收音机及备用电池、急救药品、哨子、打火机、火柴、毛巾、洗漱用品等。

急救药品主要包括：酒精、碘酒、胶布、三角巾、止血纱布、止血带、绷带卷、棉线绳、棉球、棉签、创可贴、医用手套、剪刀、口罩、基本药品等，药品应定期更换，以确保在有效期内。

水、食品、药品等由于有保质期限问题，保存起来不太方便，那么平时就应该清楚地知道这些重要物品的存放位置，以备应急之需。

各种应急用具应随时整理好，以方便突发事件发生时立即携带。

（2）从家居摆设着手营造防震环境

从家庭的小事着手，关注细节，加强防震措施，就能给家人一个更安全、更有利于抗震的居住环境。包括：

——取下墙上、屋顶上的悬挂物。

——清理杂物，保持门口、楼道畅通，可以有效减少伤亡，利于避震疏散。

——阳台护墙要清理，花盆杂物拿下来。

——易燃、易爆、有毒等物品放在安全地方，防止因撞击、破碎、翻倒引起的泄露、燃烧和爆炸。

——床的位置要避开外墙、窗口、房梁，选择室内坚固的内墙边安放；床上方不要悬挂金属和玻璃制品及其他重物；坚固家具下面不堆放杂物。

——固定高大家具，防止倾倒砸人；家具物品摆放要做到"轻在上、重在下"。

（3）经常进行应急演练

熟悉自己的居家环境及附近的应急避难场所，平时可以以家庭为单位进行防震、应急、逃生等演练。

室内避震演练——迅速就近选择厕所、厨房等开间小的地方或墙角、坚固家具旁躲避。在平房内，如震时正好位于门口附近，可立即跑向院内空旷地。

室外避震演练——迅速躲开高大建筑物、危险物，躲到空旷安全地避震。

疏散演练——迅速关闭水、电、气等危险源，带上应急包，照顾好老人和孩子，有序地从最便捷的安全通道撤离到空旷安全地带。

救护演练——掌握伤口消毒、止血、包扎、人工呼吸、肢体固定等方面简易的医疗急救知识。

（4）学习防震减灾科普知识

防震减灾是我国公共安全的一个重要组织部分，掌握一些防震减灾科普知识是提高自身安全素质的一项重要内容，这对每个人来说都是非常必要的。

基本的防震减灾科普知识包括：防震减灾法律法规知识、防震减灾事业发展相关情况、地震基础知识、地震应急逃生知识、自救互救知识和地震应急医疗救护知识等等。

为普及防震减灾科普知识，国家和各级政府均做了大量工作，全国各地建立了许多防震减灾科普教育基地、示范学校、示范社区等，在这些示范点，一般能了解到较为全面的防震减灾知识。同时，各级电视、广播、报刊、网络等媒体经常开展防震减灾科普知识的宣传教育活动，平时可注意收看学习。

◇震后应急自救和互救要领

据有关资料显示，震后20分钟获救的救活率达98%以上，震后一小时获救的救活率下降到63%，震后2小时还无法获救的人员中，窒息死亡人数占死亡人数的58%。他们不是在地震中因建筑物垮塌砸死，而是窒息死亡，如能及时救助，是完全可以获得生命的。唐山大地震中有几十万人被埋压在废墟中，灾区群众通过自救、互救使大部分被埋压人员重新获得生命。

破坏性地震发生后，外界救灾队伍不可能立即赶到救灾现场，在这种情况下，为使被埋压在废墟下的人员获得更多的生存机会，积极开展自救互救活动是非常必要的。

（1）震后应急自救

震后应急自救是指地震发生后，被压埋或被困人员在短时间内所采取的应急自救措施。

震后自救要尽可能利用自己所处环境创造条件，及时排除险情，自救脱险或自我创造存活条件等待救援，正确发出求救信号。最主要的是保持镇定，坚定自己一定能够获救的信心。自救是震后减轻伤亡的关键之一。

万一被压埋，一定要保持镇定，树立强烈的求生欲望和充满信心的乐观精神，树立自救的勇气和毅力，做出正确判断，采取果断措施保护自己；不惊慌失措，不无谓哭喊、不急躁；震后往往还有多次余震发生，处境可能继续恶化，要有心理准备，克服恐惧心理，保持镇定；如果身边还有其他被困者，可互相说话鼓励。

迅速用衣襟、衣袖、毛巾等捂住口、鼻，防止建筑物倒塌时过量灰尘引起窒息；尽量挪开脸前、胸前的杂物，清除口、鼻内的尘土，保持呼吸畅通。

与外界联系不上时，可试着寻找通道，分析、判断自己所处的位置，从哪个方向有可能脱险；试着排除障碍，开辟通道，但要注意警惕塌方的危险。

要注意保存体力。若扩大生存空间或开辟通道费时过长、费力过大，应立即停止，以保存体力；被埋压时不要无谓大声呼救，要保存体力，当听到外面施救人声时再采取恰当的呼救方法，如用硬物敲击发出求救信号；尽量创造条件及时进食和饮水，设法保持体力以延缓生命。

较长时间被埋压或被困时，水和食物要节约使用，合理分配饮水和进食的数次、用量，以备长时间待援。迫不得已的情况下，可考虑收集自己的尿液饮用。

如果受到外伤，要自己设法简单包扎，避免失血过多或伤口感染；脊柱受伤，不可使颈部和躯干前屈和扭转，应使脊柱保持在伸直的姿势；上下肢骨折，尽量不要移动伤肢，以免加重伤情。

（2）震后应急互救

震后互救是指率先脱险人员对仍被埋压人员的救助。震后，被埋压的时间越短，被救者的存活率就越高。灾区群众积极开展互救是减轻人员伤亡最及时、最有效的办法。互救也是震后减轻伤亡的关键之一。

震后挖救被埋压人员的总原则是：争取时间，扩大战果，最大限度地减少由于扒救挖掘的失误和不及时造成的伤亡。

在搜救定位时，先仔细倾听有无呼救信号，或用喊话、敲击等方法探询废墟中是否有待救者；最好请其家属或邻居提供信息，根据房屋结构，分析确定被埋压人员可能的位置。

挖掘被埋压人员时，应注意避免撞断或移开有效的撑物，以防进一步倒塌伤人；还要防止锐利器械对被埋压者的伤害；扒挖过程中应尽早使封闭空间与外界沟通，以便为被埋压人员注入新鲜空气；如果扒挖中尘土太大，应喷水降尘，以免被埋压者窒息；对难扒挖者，应建立标记，以便由专业救助人员施救。

在施救时，应先将被埋压者头部暴露出来，除去口、鼻内尘土，防止窒息，再将其胸部、腹部和身体其他部分挖救出来；对于不能从废墟中自行出来的遇险者，应尽量暴露其全身，再抬出来，不可强拉硬拖。

对于在黑暗、窒息、饥渴状态下埋压过久的人，救出后应给予必要的护理，蒙上眼睛，使其避免强光的刺激，防止失明；不要给其一次进食过多。

对受伤者，要就地做相应的紧急处理。救出的重伤员，要迅速送往医疗点救治；骨折伤员、危重伤病员，运送中要有相应的护理措施。切忌鲁莽从事，对被埋压者造成二次伤害。

（3）自行脱险或获救后应注意安全

自行脱险或获救后，应注意的事项主要包括：

——撤离时应注意避开危房，狭窄街道。

——尽快离开室外各种危险环境，撤离途中要加强自我保护。

——不要轻易回到危房中去，谨防因余震发生再次坍塌的危险。

——尽快与家人、邻居、街道、社区等政府基层组织取得联系，前往政府指定的避难场所汇合。

◇科学防范余震，减少人员伤亡

由于地球不断运动和变化，逐渐积累了巨大的能量，在地壳某些脆弱地带，造成岩层突然发生破裂或者引发原有断层的错动，即发生地震。能量充分释放需要一个过程，主震后一般都有余震发生，但余震也有强有弱，比较小的余震只能引起轻微的地面震动，不容易引发灾害，而强余震则很可能引发受损建筑物的进一步破坏或倒塌，造成新的伤亡。因此，强余震的预测和防范是重点。

特别值得注意的是，余震的震中不会距离主震震中太远，许多建筑物遭受主震冲击以后，虽然还未破坏，但已变得不大牢固。这时，如果再来一次较强的余震，尽管它的震级小于主震，而它所造成的破坏可能比主震还大。2008年汶川地震后，汶川县发生过20次的余震，震级都为5级。2008年5月25日四川青川一带发生6.4级余震。

1952年美国加利福尼亚州克恩郡地震时，主震让贝克兹菲尔德遭受了彻底的摧毁。有时甚至是一次刚刚超过3级的余震，也能把一些房屋震倒。因此，在主震过去后，对余震也要提高警惕，加强预测预防工作，不能掉以轻心。

1974年5月11日云南昭通地区发生了7.1级地震，震后两次5级以上的余震，因震前都有了预报，虽然造成了破坏，但人员伤亡很小。尽管如此，对余震进行准确的预报仍然有很现实的困难。

余震的两个特点使其难以捉摸。第一，余震并不一定局限于主震周围很小的区域。这是因为断层破裂面是动态的。从科学的角度来看，这一特点对于研究地震有很大价值，科学家可以通过余震发生的地点标示出地震断层带的位置。比如，2008年的汶川地震，主震和余震基本上沿着地形走势排成600多千米的地震带，这便是龙门山断裂带。另外，在破裂面外，由于应力积累，也可能触发余震。第二，随着时间流逝，余震的频率确实会越来越小，但是其强度却不一定减小，在主震过去很久后，还偶尔有很大的余震发生。

1976年7月28日凌晨3时42分，河北唐山7.8级地震之后，当天就发生了两次强烈余震，震级分别为6.5级和7.1级。以后沿着宁河、唐山、滦县这一活动断裂带，5～6级左右，甚至更强的余震仍在不断发生，如11月15日在宁河东北部发生了一次6.9级地震。直至第二年(1977)春季，强烈余震仍然有所活动，至于5级以下的小震就更多了。在国外，1870年希腊的一次地震延续三年，在这三年当中，一共发生了750000次震动。一般地说，余震总是逐渐减少、减弱，但有时也可能出现较大余震，并造成破坏。

不同类型的地区防范强余震的重点不同。如果地震发生在山区，防范的关键主要有以下几个方面：

（1）防范次生灾害的发生

有些山区存在大量山体滑坡、崩塌、滚石、堰塞湖、水库等隐患，如果遭遇较强的降雨，一旦强余震发生，这些隐患很可能引发交通堵塞、水灾和新的人员伤亡，必须尽早采取防范措施。

（2）防范房屋进一步破坏伤人

房屋的位置和受损程度不同，应采取不同的防范措施。位于滑坡体上或位于滑坡体下方的房屋非常容易遭到重大破坏，不要居住；已经遭到严重破坏而未倒塌的房屋不要居住。

（3）平房和楼房采取不同的防范措施

对于没有受到损坏、损坏较轻且远离次生次灾害源的房屋，可以入住，但要采取防范措施。居住在平房的人员，要打开门窗，提高警惕，感到地面震动要及时逃离房屋；居住在楼房的人员，要提前有所准备，如果遇到地震不要采取跳楼、坐电梯等避震行为，而应紧急伏在床下、小跨间房屋里或蹲伏在两个桌子中间的狭小空间，待震后迅速撤离。

◇震后安置重建也是防震减灾工作的重要环节

震后安置重建是指地震灾害发生之后的过渡性安置、恢复生产、重建家园以及善后工作等活动。这也是防震减灾工作的一个重要环节，对减轻地震灾害具有十分重要的意义。

按工作重点的不同，可将震后的抗震救灾工作分为安置和重建两个阶段，但每个阶段的长短，视具体灾情而定，并且不同阶段间的措施有互相的交叉和过渡。

（1）临时安置阶段

一旦破坏性地震发生，居民的家园就很可能被毁坏或暂时失去功能。因此，在推进防震减灾各项工作的过程中，需要考虑规划和设计居民过渡性的临时居所——灾民安置点。

受灾群众临时安置从强震发生之后就已开始，但作为工作重点则一般是地震7～10天以后，并可能持续1～3个月。其主要任务包括脱险群众、救援人员的临时安置；紧急救灾物资的统筹分配和管理；抢修公共基础设施，并对危险公共设施进行排险；实施心理危机干预方案，维护市场及物价稳定，尽量减小地震的经济影响；生产能力的部分恢复，在安全条件下尽量减少直接经济损失等方面。

为了更好地做好震后安置工作，国家已经出台了《地震灾区过渡安置房建设技术导则》《2010新版地震过渡安置房防雷技术规范》及《地震灾区过渡性安置区生活污水处理技术指南》等相关文件，指导震后安置工作。

地震灾区受灾群众过渡性安置的基本原则是：根据地震灾区的实际情况，在确保安全的前提下，采取灵活多样的方式进行安置。

过渡性安置没有特定的方式，应根据实际情况选择对受灾群众最方便、成本最低的安置方式。在安置地点的选择上，可以就地安置，也可以异地安置；在安置方式上，可以集中安置，也可以分散安置；在安置主体上，可以由政府安置，也可以投亲靠友、自行安置，并明确政府对投亲靠友和采取其他方式自行安置的受灾群众给予适当补助。

对于过渡性安置房的形式，即临时住所可以采用帐篷、篷布房，有条件的也可以采用简易住房，活动板房。安排临时住所确实存在困难的，可以将学校操场和经安全鉴定的体育场馆等作为临时避难场所。国家鼓励地震灾区农村居民自行筹建符合安全要求的临时住所，并予以补助。

对于特别重大和重大地震灾害来说，恢复重建可能需要数年才能完成，因此，必须搭建过渡性安置房，或称简易住房。解决地震灾区受灾群众过渡性安置的问题，是妥善安排受灾群众生活、稳定人心、维护社会秩序，保障地震紧急救援向地震灾后恢复重建平稳过渡的重要环节，是灾后恢复重建的基础性工作。

（2）恢复重建阶段

恢复重建在震后安置工作中就已开始，但作为工作重点，则一般为灾情发生后的3个月～5年甚至更长的时间，主要包括灾害损失评估、全面恢复重建计划制定和实施、优惠政策的制定和实施、善后处置和长期心理危机干预等。

在恢复重建阶段，要确保受灾群众基本生活需要，主要是配套建设必要的基础设施和公共服务设施。例如，汶川地震灾后恢复重建条例中明确规定：防灾设施包括，安装必要的防雷设施和预留必要的消防应急通道，配备相应的消防设施，防范火灾和雷击灾害发生；基础设施包括水、电、道路等；公共服务设施包括学校、医疗点、集中供水点、公共卫生间等，要求按安置人口比例配备。

恢复重建工作的重点是尽快恢复生产，这是防震减灾法对于灾后恢复重建的一项基本规定，也是地方人民政府及其有关部门和乡、镇人民政府在从事恢复重建工作时都必须遵守的基本规定。

恢复生产的主要任务是尽快恢复农业、工业、服务业生产和生命线系统的正常运转，满足灾区和国家生产建设和人民生活的需要，减轻国家和兄弟地区的负担，增强灾区的自救能力和恢复的效率；尽快恢复灾区正常的经济社会秩序。这对促进灾区经济和社会发展都具有重要意义。

灾后的住房重建、居民再就业、生产的恢复、经济的复苏等工作都是环环相接的，所以我们在灾后重建工作中，要注意到局部与整体的关系，既要注意到细节问题，又要把握好整体的统筹。

灾后重建是一项长期漫长的工作，需要的不是一场轰轰烈烈的"社会运动"，而是需要长期扎实的社会工作。

◇科学有效地进行震后防震减灾宣传工作

震后防震减灾科普知识宣传，实际上是从地震一发生就开始的震时应急宣传和震后自救互救、抗震救灾、重建家园等宣传的统一体。

（1）震后防震减灾科普宣传的作用

一般说来，平时的防震减灾科普知识常规宣传与强化宣传具有潜在的社会效益；而震时和震后的防震减灾知识宣传，可以产生直接的社会效益和经济效益。震后防震减灾科普宣传的主要作用体现在如下几个方面：

一是及时安定民心，迅速恢复震区正常的生产、生活秩序。1974年江苏溧阳发生5.5级地震后，震区人心慌乱，生产停顿，大批群众外逃他乡。当地政府部门设站阻止，仍控制不住人员外流，全县3天时间提取存款16万元。当地群众事后称之为"五多"，即：谣言多、外逃的多、停产的多、杀猪宰羊的多、提取存款的多。同样是该地区，时隔5年后又发生一次6.0级地震，由于震前和震时采取了各种行之有效的宣传措施，震后人心安定，没有一人外逃。

二是最大限度地减少人员伤亡和财产损失。1999年辽宁岫岩发生5.4级地震，当地政府采取紧急措施，精心组织策划，在地震前后有针对性地开展应急防震措施、紧急避震、自救互救和防止次生灾害的知识宣传，震区厂矿企业采取科学应急对策，及时撤离震中区井下作业工人，尽管震时共发生151处矿井塌方，但全区3000多名矿工无一伤亡。同时，由于震区群众通过宣传掌握了防止地震次生灾害的知识，在震后余震不断、长达两个月气温降至零下30多摄氏度的严寒天气下，震区无次生灾害发生。震后据有关部门统计，减少直接经济损失2亿多元，减少间接经济损失5亿多元。

三是提高群防群救的能力。充分发动群众，依靠群众，实行医疗卫生人员与广大群众相结合，是完成卫生保障任务的基础。发动群众的一个重要方法，是对预报地区的人民群众进行有针对性的抗震卫生普及教育，宣传地震的基本知识，地震的危害性和可防性，应急防护措施和自救互救方法等。宣传教育越深入，越广泛，群众的思想准备就越充分，群防群救的能力也就越高。

四是进一步增强对强余震的监测预报能力，提高震后趋势判定工作水平。一次大的破坏性地震发生后，在其能量的释放过程中往往会陆续发生一些强余震。对强余震若不能及时预测判定和采取防御措施，就可能会面对"雪上加霜"的结局，给民众的生命财产带来进一步的损失。而通过震后防震减灾知识宣传，使社会公众掌握科学的地震宏观前兆异常知识，既可以起到自我保护和警惕作用，同时也可为地震部门强余震监测预报和震后快速趋势判定提供有力的科学依据。

五是预防和及时平息地震谣言的发生和蔓延。经过地震劫后余生的灾民往往处于悲痛惊慌之中，心理状态极不稳定，一旦受到地震谣言的干扰，很容易造成社会混乱，从而加重伤亡和经济损失，因此，此时的防震减灾知识就如同"雪中送炭"，对稳定灾民情绪和社会秩序显得尤为重要。

（2）震后防震减灾科普宣传的重点内容

地震发生后，社会公众对地震消息的需求特别迫切，因此防震减灾知识宣传行动越快、宣传覆盖面越大、宣传内容越贴近群众切身需求，就越能起到预期的宣传效果和作用。震后防震减灾宣传的主要内容应包括：有关地震震级、地点情况和震后趋势判定的公告；党和政府抗震救灾的意图和对策措施；地震自救互救、伤病员抢救搬运以及卫生防疫的知识和方法；选择合适避难场所，防止地震次生灾害的知识；科学鉴定房屋破坏情况的知识；震后恢复重建时场地选择及抗震设防要求方面的知识；有关识别和预防地震谣传的知识。

（3）震后宣传的组织形式和途径

地震发生后的防震减灾知识宣传，应在当地抗震救灾指挥部的统一领导下进行。其主要宣传形式和途径包括：

——利用新闻媒体传播速度快、覆盖面广的优势，通过乡镇、社区广播站等新闻媒体宣传，增强震区群众抗震救灾的信心，尽快安定民心、稳定社会，保证抗震救灾工作的顺利进行。

——利用各种形式，加强对各级领导和村镇干部的宣传。地震发生后，震区所在地方政府领导往往承受很大的社会压力，因此各级地震部门和宣传网（站）要利用会议、工作汇报等多种形式，及时向政府领导报告地震基本参数、震灾损失概况、地震监测预报、震后趋势判定等情况，支持配合领导做好抗震救灾、稳定社会的工作。

——适度增加地震部门震情趋势会商结果的透明度。按照"内外有别，内紧外松"原则，适当向震区干部群众讲明震情发展趋势，消除群众的神秘感和各种猜疑。当然，有关震情趋势的传达宣传，必须通过正当渠道进行。

——在震后防震减灾科普知识宣传中，应充分利用各级地震宣传网（站）的窗口效应，通过"防震减灾知识咨询热线"等直接回答群众来访询问。在地震现场和震区群众聚集场所，还可通过地震部门现场考察工作队专家的权威宣传、或设立流动防震减灾知识宣传活动板报等，宣传、回答群众最关心的问题和常识。

（4）震后宣传应注意的问题

首先，震后防震减灾知识宣传要严格遵循"自力更生、艰苦奋斗、发展生产、重建家园"的抗震救灾工作方针，通过开展科学有效的宣传教育，鼓舞和激励人们振奋精神，恢复生产，重建家园。

其次，震后防震减灾知识宣传要紧密围绕抗震救灾大局进行，包括通过新闻媒体的宣传在内，必须把握正确的宣传导向，采用简洁有效的宣传方法，选择科学实用的宣传内容。

最后，开展震后防震减灾科普知识宣传，要根据抗震救灾工作的进展，注意及时调整宣传内容。例如，在抗震救灾工作后期，要着重组织加大对重建工程建设选址、设计中的地震安全性评价和抗震设防知识的宣传，避免因重建工程选址或抗震设防不合理而造成新的破坏损失。

◇有效地防止、制止、平息地震谣传

在目前尚不能准确预测地震的情况下，公众对地震灾害事件高度关注，因此容易产生地震谣传。地震谣传是指没有科学依据的所谓将要发生地震的传言。发生地震谣传的原因比较复杂，但多数是由于人们对地震灾害的恐惧，在过度关注"地震消息"的过程中，谣传被不断放大和传播。地震谣传通过互联网、手机等现代通信手段传播，其范围、影响程度和可能对社会产生的后果可能非常严重。国内外都有因地震谣言和地震误传严重扰乱正常生活、生产秩序，引起社会混乱的例子。

1972年2月，两个侨居在美国的墨西哥人致电墨西哥政府，预报"墨西哥皮诺特巴纳尔市4月23日将发生地震，并引起特大水灾"，结果，这一"预报"导致了当地严重的社会混乱。皮诺特巴纳尔市市长说，这次"预报"造成的经济损失，比1968年8月发生的7.5级地震还要严重。可见，地震谣传会使人们在心理上造成一定程度的恐惧感，同时造成不良的社会影响和经济损失。

在我国，地震谣传事件层出不穷

在我国，地震谣传事件也层出不穷。从我国以往出现的一些谣传事件可以看出，它能给群众造成严重的恐震心理，有的导致工厂不能正常生产、学校不能正常上课、商店不能正常营业、人员盲目外逃、抢购生活用品，甚至由于有人采取不恰当的防震行为而摔伤摔死。如1987年2月，从中国香港和澳门传播福建泉州的一股地震谣言,说泉州要发生8.1级地震,顿时,泉州华侨大学有700多名学生逃离学校,泉州市人心浮动,市民人心涣散,白糖、饼干等食品抢购一空。事后据有关部门统计:受地震谣传影响较大的5个沿海地市工业产值都出现了下降。

面对地震谣传,由于对地震知识了解多寡和科学文化水平高低的不同,不同的人表现出的心理状态是不同的,多数人处于相信或半信半疑状态,即使不相信的人,也因人命关天,宁可信其有,不可信其无,使地震谣言像洪水般蔓延成灾,这与地震谣传的一些特点是分不开的。

地震谣传经常会表现为貌似权威的信息。因为具有权威性,才能使人信服。谣言通常假借的权威有三类:一是官方权威:政府文件,领导讲话;二是洋权威:外国的预报意见或境外广播;三是科学权威:地震部门的预报意见或地震专家的预报意见。1988年11月至1989年1月发生在九江市的地震谣言事件,就是依据省政府文件引用全国地震趋势会商会意见内容失当和所谓"美国之音"广播"九江1月23日至28日可发生7级大地震"的谣传而引起的。

地震谣传还可能会与似是而非的地震异常有关。让群众把某些并非一定属于地震的气象现象、动植物异常、地下水异常等偶然事件,误认为是地震的前兆异常。如1981年8月陕西汉中地区地震谣言所传的"暴雨、洪水是地震的前兆"这些消息等等。

最容易出现地震谣传的时间是在发生地震以后。国内外其他地区发生破坏性地震后,特别是人员伤亡惨重的特大破坏地震之后,容易引起人们的恐慌,因此引发地震谣传。出现异常自然现象或自然灾害——如气候反常、地下水、动植物异常时,也容易使人们联想到地震征兆。开展正常的防震减灾工作,如召开有关会议、下发有关文件、制定有关法规或预案、工作检查、异常调查、学术交流等活动,如果被误解,容易引起谣传。

判断和识别地震谣传,对于防止、制止地震谣传和平息地震谣传都具有十分重要的意义。为了正确识别地震谣传,最简单的方法就是"一问二想三核实"。

一问——首先问一下消息来自何方?只要不是政府正式发布的地震预报,无论是地震学术权威说的,还是贴有"洋标签"的跨国预报;无论是"有根有据"

的地震传闻，还是带有迷信色彩的地震消息，一概不要相信和传播。因为，按照《地震预报管理条例》的规定，一般情况下，只有省级政府才有权向社会公开发布地震预报，其他任何单位或个人都不得对外发布地震预报。

二想——凡是将地震发生的时间、地点、震级都说得非常准确的地震预报都是谣传，如时间准确到几日几时，地震准确到哪个乡哪个村等。因为现在的地震预报水平还达不到如此之高。

三核实——当听到地震要发生的消息，一时心存疑问，难以判断真伪时，可向政府和地震部门核实。各级基层单位或组织，应及时与上级地震部门取得联系，了解震情情况，及时向群众解释或辟谣。

面对迅速传播的地震谣传，有关部门的首要任务，是通过调查研究弄清事实，尽快掌握地震谣言出现的时间、地点、内容和来源，搞清基本事实，掌握其性质、传播方式和途径、规模、涉及范围、社会经济影响程度等，以便心中有数，为辟谣提供依据。

地震谣传一经传播，影响范围就广。因此，必须把真相告诉大家，让社会公众普遍了解情况。应根据具体情况，利用网络、报纸、广播、电视等快速有效途径进行辟谣，澄清真相，揭露地震谣言的欺骗性。同时，可以采用社会公众对专家、权威的信赖，发挥权威效应，让专家权威出面辟谣，以消除人们的心理障碍，进而达到稳定人心、安定社会的目的。

在现场向群众说明真相时，一定要清晰、准确，做到有理有节。若稍有模棱两可或含糊其词的话，都会助长谣言的恶性传播，造成不可估量的损失。

地震谣传发生都伴有社会治安问题，在人们恐震心理的强烈冲击下，各种社会骚乱事件、事故，甚至犯罪活动可能频繁发生。为维护社会秩序，在谣言出现后要加强治安保卫工作，防止和打击可能出现的哄抢、盗窃和破坏等犯罪行为。

另外，地震谣传发生后，可能出现抢购生活用品（如食品）的事件，政府要积极组织货源，保障日常供应，以稳定人心。

地震谣传发生后，人们注意力转移，很容易出现火灾等次生灾害。因此，要做好准备工作，杜绝事故隐患，消防等部门应加强警戒，随时准备救灾抢险。

在发生地震谣言时，有针对性地进行地震科普知识、当前地震工作现状和国家地震工作方针的宣传教育，可以增强群众识别各类地震谣言的能力，是平息地震谣言的有力措施。

为了增强社会公众对地震谣言的识别能力和免疫力，除了宣传地震基本知识外，还应加强对地震预报法规的宣传。对于谣言易发地区，要根据实际情况，有针对性地开展预防宣传，既要宣传目前的地震预报水平，也要宣传地震灾害是可以预防和减轻的，以增强人民抗御地震灾害的信心。